Le monde des abeilles

Pierre Maréchal

ÉDITIONS
Reflets de Terroir
CPE

Site Internet : http://www.cpe-editions.com

Le monde des abeilles

Pierre Maréchal

Bourdon terrestre, famille des apidés

« On dit que les abeilles
possèdent une parcelle
de l'intelligence des dieux. »

Virgile, « Géorgiques », IV, 219-221

Si l'abeille disparaissait
de la surface du globe,
l'Homme n'aurait plus
que quatre années à vivre ;
plus d'abeilles,
plus de pollinisation,
plus d'herbe,
plus d'animaux,
plus d'hommes…

Einstein

Introduction

Quel est donc l'original qui déclarait un jour :

« L'être humain n'aime à parler que de ce qu'il ignore ».

Joli paradoxe ou vérité d'expérience ?

Le mot est juste peut-être si l'homme étant de tous les êtres celui qui disserte plus volontiers sur lui-même, parce qu'il s'octroie ce glorieux privilège, ou qu'il obéit à un égoïste naturel, il est aussi celui qui en demeure le plus ignoré.

Mais, le mot paraît plus vrai encore si l'on songe à l'érudit qui parle de l'abeille. Nul sujet n'est plus ressassé que celui-ci et ce thème ne date point d'hier, depuis des siècles, il est banal.

Nous connaissons prudemment les hommes, mais ...

Que savons-nous des abeilles ?

Initiation au mystère

Il y a de nombreux types d'abeilles différentes. La plupart des abeilles sont solitaires, mais certaines vivent en société. Celles-ci vivent ensemble en colonies et le travail est réparti entre les individus.

L'habitude qu'ont les abeilles d'aller de fleur en fleur fait des abeilles des agents de pollinisation importants. Toutes les abeilles recueillent le nectar et le pollen des fleurs, mais seulement quelques-unes parmi les abeilles sociales stockent le nectar sous forme de miel. Parmi celles qui stockent du miel, il y a encore moins d'espèces qui le stockent en quantité suffisante pour que l'effort de récolter le miel en vaille la peine.

Bien que certaines abeilles " sans dard " soient volées de leur miel dans les régions tropicales, les abeilles du genre Apis, les véritables mouches à miel, sont les principales productrices de miel et d'autres produits de la ruche. Apis mellifera, l'abeille domestique occidentale, a été introduite dans la plupart des régions du monde pour l'apiculture.

L'Apis

Le genre Apis comprend quatre espèces, trois sont originaires d'Asie et l'autre de la région euro-africaine. Elles sont toutes semblables en apparence, quoique leur couleur et leur taille varient. Elles construisent toutes des rayons verticaux .

La mouche à miel géante ou abeille de rocher (Apis dorsata) et la petite mouche à miel (A. florea) se trouvent en Asie. Ces deux espèces construisent un nid exposé composé d'un seul rayon. On voit souvent les nids qui pendent des branches des arbres, des toits, ou des plafonds. Les abeilles adultes sont suspendues en rideaux autour du nid pour contrôler les conditions de celui-ci. Les rayons à couvain et à miel sont dans le même rayon, le couvain dans la partie inférieure et le miel dans la partie supérieure.

Dans certaines régions on a trouvé un moyen permettant d'enlever du rayon la partie réservée au miel et de rattacher la partie couvain; c'est ainsi que l'on pratique le maintien des abeilles avec ces espèces. Les rapports sont souvent suffisamment élevés (en particulier avec l'A. dorsata) pour que l'effort en vaille la peine pour le fermier.

On ne connaît pas de meilleures méthodes apicoles que celle qui sont pratiquées actuellement avec ces abeilles. Le comportement de ces deux espèces est imprévisible, et elles ne veulent pas vivre à l'intérieur d'une ruche. La mouche à miel géante est particulièrement sur la défensive dans son nid. De ce fait, le potentiel de développement dans le maniement de ces espèces est limité, quoiqu'il y ait souvent la possibilité d'améliorer la qualité du miel en prenant plus de précaution au moment de la manipulation.

Deux autres espèces d'Apis (mellifera et cerana) construisent normalement des nids à rayons multiples dans des cavités fermées. Ces abeilles peuvent être gardées dans des ruches et on a trouvé des méthodes permettant une utilisation plus rationnelle de leur potentiel. C'est avec ces deux espèces que le potentiel de développement de l'apiculture réside.

Traits souhaitables chez les abeilles pour l'apiculture

- Production de miel élevée
- Douceur
- Faible tendance à essaimer
- Faible tendance à la désertion
- Calme dans les rayons quand la colonie est manipulée
- Résistance aux maladies
- Faible utilisation de la propolis
- Peu d'élevage de couvain pendant les périodes de disette pour conserver les réserves

Ruches anciennes et modernes à cadres
les précurseurs de l'apiculture

Jean-Baptiste VOIRNOT naît le 29 avril 1844 à MOIVRONS (Meurthe-et-Moselle) dans une famille modeste. Il est ordonné prêtre le 13 août 1871 et devient en 1872 curé de VILLERS-SOUS-PRENY, village de 350 habitants et paroisse réputée difficile. C'est ici qu'il va pratiquer l'arboriculture et l'apiculture, et mettre au point la ruche cubique de 33 x 33 cm qui porte aujourd'hui son nom.

LANGSTROTH, le père de l'apiculture moderne, invente le cadre de ruche amovible.

Vers 1850 le révérend père Langstroth, d'Oxford, présente sa ruche, qui peut aussi recevoir des hausses permettant de l'agrandir suivant le besoin, et s'ouvrir par une de ses faces, comme une armoire.

Si la ruche Dadant porte le nom d'un des plus grands apiculteurs du début du 19e siècle, la ruche LANGSTROTH est ainsi nommée par un apiculteur américain du même nom. Quant à celle du type « VOIRNOT » elle fut créée par l'abbé VOIRNOT qui habitait l'Est de la France, une région ou précisément les hivers sont longs et rigoureusement froids.

Tous les modèles de ruches sont bons, avec chacun leurs particularités.

Avec la ruche à cadre qui détrôna rapidement les ruches dites en panier et à calotte construites en paille, ce fut une véritable révolution dans les techniques apicoles.

Ruche Grecque

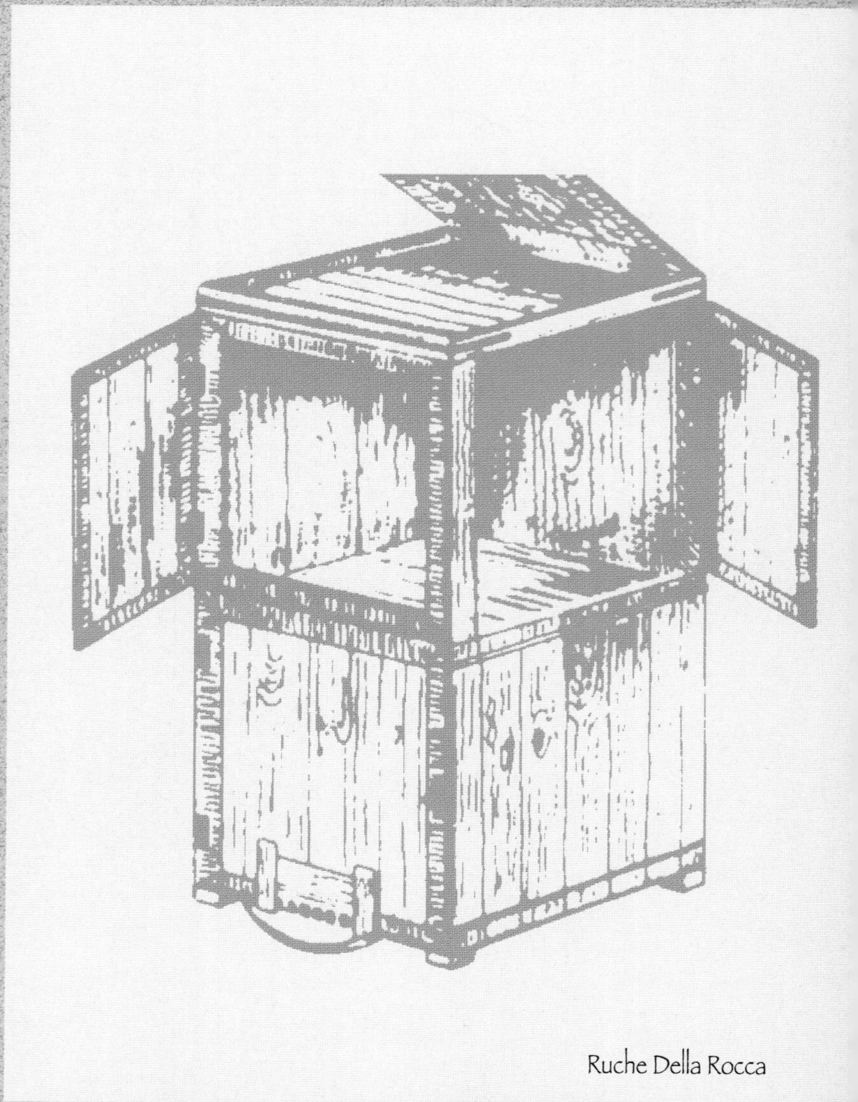

Ruche Della Rocca

Ruche vulgaire tressée

Ruche à cadre sur plateau

Les Ruches

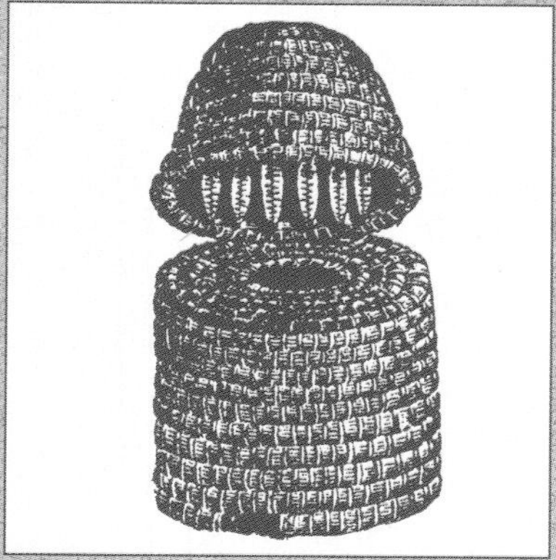

Ruche à calotte

Ruche Dadant

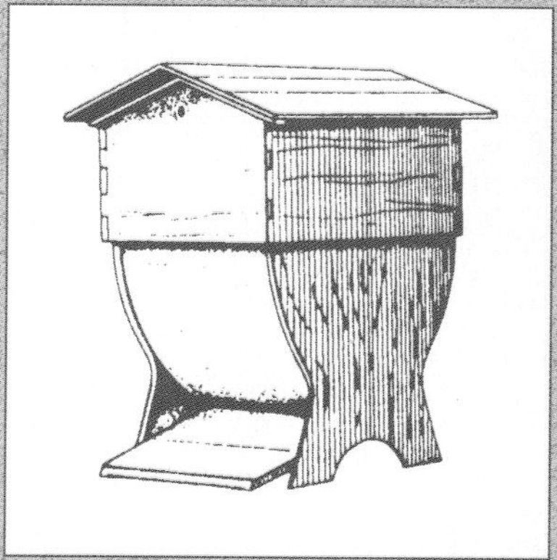

Ruche Tonnelli

La ruche à cadre mobile

Cette ruche comprend trois parties : le toit, plat ou en pente, l'étage supérieur dans lequel l'apiculteur prélève sa part de miel (c'est la hausse). C'est à l'abbé DELLA ROCCA qui publia un traité complet sur l'abeille en 1790.

Afin de changer les rayons de place, il construisit une ruche carrée, et y superposa une seconde ruche de même forme et mesure : la hausse était inventée. L'étage inférieur (le corps) réservé aux abeilles et où se fait l'élevage proprement dit.

Sur la face avant de la ruche se trouve une entrée (le trou de vol) par lequel entrent et sortent les butineuses.

Nous ne saurions passer sous silence la ruche à feuillet de HUBER.

Né à Genève, HUBER complète les travaux de Réaumur dans ses nouvelles observations sur les abeilles. Editions parues en 1792 qu'il adresse sous forme de Lettre à Charles Bonnet (disciple et correspondant de Réaumur).

Sa maladie des yeux qui le rend aveugle aux environs de sa vingtième année, ne l'empêche pourtant pas de continuer à étudier la vie des abeilles.

François HUBER poursuit donc, avec l'aide de son assistant Burnens, ce qui lui permet de mettre en œuvre ses expériences.

La Ruche d'observation de Huber a servi de base à la conception des ruches modernes dont les cadres séparés, sont devenus totalement mobiles les uns par rapport aux autres (courant dit mobiliste) permettant l'ouverture de la ruche sans détruire la bâtisse (contrairement au courant fixiste tel que les ruches en osier ou s'introduire au cœur de la ruche nécessite de détruire la bâtisse).

Il conçoit, dans ce but de recherche de connaissances nouvelles, pour mieux étudier la vie intérieure de la colonie, sans trop la perturber et détruire la ruche.

Il construit alors une ruche d'observation, en associant des cadres reliés d'un seul côté et dont l'ouverture s'effectue comme un livre.

Ruche à feuillet

François Huber, au XVIIIe siècle, réalise sa ruche en feuillet conçue pour l'observation mais dont les plans d'observations sont encore reliés ; elle s'ouvre comme un livre. Au XIXe siècle, Paix de Beauvoys invente les ruches à cadres réellement amovibles et il serait l'initiateur de ce courant.

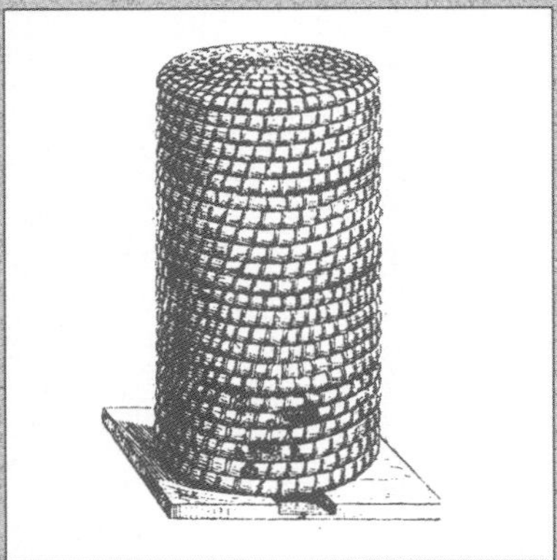

Ruche à compartiments

Ruche vulgaire

Ruche Berlepesche

Les ruches modernes et anciennes

Cliché NICOPLAST avec l'autorisation
Ruche moderne sans entretien modèle tiré du catalogue NICOPLAST

Depuis la plus haute Antiquité, l'homme a fourni aux abeilles des habitations susceptibles de lui faciliter la récolte du miel et de la cire.

Ce furent les premières ruches.

Il existait un grand nombre de modèles de ruches qui se divisaient en ruches à rayons fixes et ruches à rayons mobiles. Les ruches à rayons fixes étaient celles où les gâteaux étaient suspendus à la paroi même de l'habitation, de telle sorte que les rayons ne pouvaient être enlevés que si on les rognait avec un couteau. Les ruches à rayons mobiles (modernes) sont celles où les abeilles guidées par l'apiculteur construisent leurs rayons sur des cadres amovibles, permettant d'être enlevés et remplacés à volonté.

Les ruches existant dans le commerce et les plus couramment utilisées sont au nombre de trois ou quatre au grand maximum. On distingue tout d'abord la ruche « DADANT » qui est manifestement la plus répandue. Elle est particulièrement bien adaptée aux régions relativement tempérées.

La ruche « VOIRNOT » aussi haute que large, convient fort bien pour des climats aux hivers rigoureux. Enfin, la ruche « LANGSTROTH » qui porte le nom de son auteur.

Charles DADANT naquit en 1817 en France à Vaux Sous-Aubigny (dans la Haute Marne).

Charles DADANT adopte le système des ruches à cadres mobiles dite "mobiliste" (est relative aux cadres amovibles qui s'op-

Enfumoir mécanique Layens

posait à l'apiculture "fixiste" où les bâtisses de cire sont figées, comme les abeilles construisent dans la nature) portent encore aujourd'hui son nom.

*** Charles DADANT meurt en 1902 laissant cet héritage de connaissances en apiculture.*

Les sociétés d'insectes :

les apidés, les guêpes, les fourmis, les termites, les abeilles

Il existe relativement peu d'espèces sociales d'insectes, mais un nombre suffisamment grand qui manifeste une tendance au grégarisme.

L'effet de groupe tel celui rencontré par les abeilles réagit sur le métabolisme, sur l'activité. C'est la première manifestation d'un comportement social. La formation d'une société est surtout due à cette attraction mutuelle indépendante du sexe et de la vie familiale.

Quelques insectes ont des premières tendances au grégarisme, mais qui ne dor nent pas lieu à la constitution de véritables sociétés : blattes, certains Coléoptère.

Les insectes réellement sociaux appartiennent soit à l'ordre des Isoptères (Termites), soit à celui des Hyménoptères (Guêpes, fourmis abeilles).

Les apidés

Les apidés se répartissent en quatre espèces, dont trois ne se rencontrent qu'en Asie : l'Apis dorsata, l'abeille géante de l'Inde, qui édifie un unique rayon de 1 m sur 1,50 m, suspendue soit à une branche, soit sous un rocher saillant, soit à une construction humaine; l'Apis florea, une abeille naine dont le rayon, également unique, mesure environ 8 cm sur 12 cm; et l'Apis cerana, l'abeille domestique indienne, qui cache son nid aux rayons multiples dans le trou d'une branche ou dans une cavité rocheuse; enfin, l'Apis mellifera, qui est l'abeille mellifère occidentale ou domestique. Bien que l'on puisse rencontrer des colonies sauvages, dans le creux d'un arbre par exemple, cette espèce vit essentiellement dans les ruches.

Les Bourdons, Mélipones construisent des alvéoles de cire dans lesquels pond la femelle. Chez les Bourdons et Mélipones, la ration entière de miel est placée dans un alvéole.

L'organisation sociale de la colonie d'abeilles domestiques repose sur une division en trois castes : les ouvrières, femelles stériles ; les faux-bourdons, ou mâles, qui sont oisifs en dehors de la période du vol nuptial et enfin la reine, l'âme de la colonie.

Les guêpes sociales

Sous ce vocable de guêpes sociales se regroupent les vespidae soit :

- les réelles guêpes sociales (Vespula vulgaris, germanica ...)
- les guêpes polistes (Polistes gallicus)
- et les frelons (Vespa crabo).

Toutes sont jaunes et noires ce qui renforce le profane dans la conviction que tout ce qui est jaune et noir est une guêpe.

n. f. (pl.). Insectes hyménoptères constituant la super-famille des vespoïdés, au corps noir orné de bandes jaunes, et dont on redoute, à juste titre d'ailleurs, la piqûre.

Toutes sont des guêpes sociales. Les guêpes communes (Vespula vulgaris), faisant leur nid dans le sol, les guêpes des bois (V. silvestris), dont les nids sont suspendus aux branches des arbres, ou les frelons (Vespa crabo), guêpes à la taille imposante, dont les nids occupent les vieux arbres creux, forment des colonies nombreuses comptant au moins une centaine d'individus.

Très discrètes, leur vol est en général silencieux, là où les abeilles manquent de discrétion.

Elles apparaissent plus tardivement dans la saison (peut être pour attendre que leurs proies soient plus nombreuses).

Le régime alimentaire des larves change ici. Autant les abeilles récoltent toutes du pollen et du nectar, autant toutes les guêpes (à une exception, la sous-famille des Masa-rinés) donnent des protéines animales à leurs larves.

La variété est ici de rigueur, d'une espèce à l'autre, les proies peuvent être des araignées, larves de coléoptères, mouches, pucerons, citadelles...

On compte également des pirates dans leurs rangs, celles qui pondent dans le nid des autres guêpes ou abeilles solitaires.

Les Guêpes sociales se caractérisent également par la présence d'une caste d'ouvrières dont les premières sont élevées au printemps par la femelle fondatrice ; elles la suppléent ensuite et, les réserves de nourriture de la colonie augmentant, un élevage de sexués se produit, aboutissant à la fécondation de femelles normales qui passeront l'hiver sous un abri (laine de verre de toiture) pour pondre au printemps seulement.

Les termites

Comme les abeilles, les fourmis et les guêpes, les termites vivent en colonie divisée en castes : les ouvrières, les soldats et... le couple royal. Et oui, contrairement aux abeilles ou aux fourmis, les termites ont un roi qui reste aux côtés de la reine dans un appartement royal au centre de la termitière. Contrairement à la reine, le roi peut se déplacer, mais il reste constamment aux côtés de sa royale épouse.

La majorité des 2 000 espèces connues vivent dans les pays tropicaux ; certaines colonisent les zones tempérées d'Amérique ; deux espèces peuvent êtres observés en France.

Ce sont des insectes primitifs présents sur Terre, il y a 250 millions d'années. Ces insectes sont aveugles et fuient la lumière. Il en existe 2 000 espèces dont un tiers vit en Afrique.

Ces insectes peuvent faire de gros dégâts dans les habitations ou dans les bibliothèques, car elles se nourrissent de bois (ou de papiers qui en dérivent). Elles sont en effet capables de digérer la cellulose contenue dans le bois.

Les fourmis

Déjà dans l'Antiquité, on s'extasiait devant la sagesse des fourmis.

Elles comptent parmi les invertébrés les plus évolués, faisant preuve de facultés comme la mémoire, l'apprentissage et le sens critique.

Cependant, ces lueurs d'intelligence ne se manifestent que dans le cadre d'un comportement rigide et programmé.

Les communautés de fourmis constituent la société d'insectes la plus " civilisée ".

Les fourmis, tout comme les humains, connaissent trois façons de se procurer leur nourriture : la cueillette, la chasse et la culture.

Elles vivent depuis probablement 30 à 40 millions d'années sous un régime de castes.

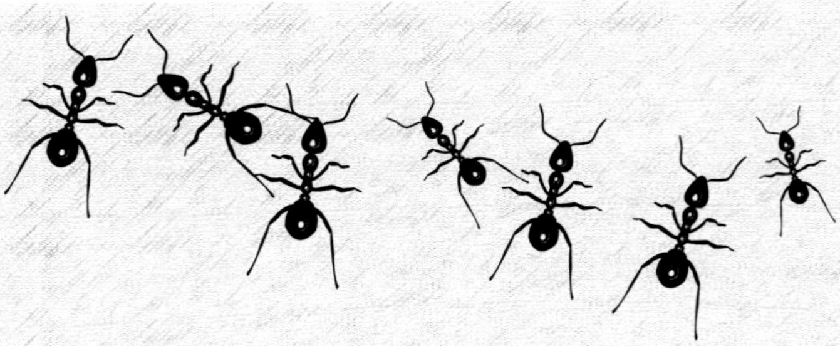

Généralités sur les fourmis

La femelle fourmi, comme celle de l'abeille est fécondée en une seule sortie au cours de son vol nuptial. Après quoi, elle s'arrache les ailes et fonde une colonie souterraine en élevant les premières ouvrières.

Celles-ci prennent ensuite la relève et soignent le couvain. Une forte fourmilière peut contenir pour certaines espèces plusieurs dizaines de milliers d'individus. Le nid est creusé dans la terre, formé de branchettes ou de feuilles entassées. Le polymorphisme des castes est bien plus poussé que chez les abeilles. À côté, des ouvrières petites ou grandes et toujours aptères se spécialisent une caste et des sous-castes d'ouvrières à tête robuste, fortement armée de puissantes mandibules, ce sont les « soldats ».

Les sexués ont toujours des ailes (fourmis ailées qui essaiment à la fin de l'été par des soirs d'orage) mais les femelles se les arrachent dès leur retour au nid.

Issu de l'ordre des hyménoptères, les fourmis forment la famille des formicidés.

On recense environ 9 000 espèces dont une grande partie est localisée dans les régions tropicales.

Néanmoins, en France, on en compte 150 dont la plus connue est la fourmi charpentière.

Qu'elle soit herbivore, carnivore ou omnivore, la fourmi qui vit en société est d'une grande résistance.

Ces énormes facultés d'adaptation seraient une des explications à son implantation dans les villes et plus particulièrement dans les habitations.

On y distingue, comme chez les autres espèces, trois types d'individus :

Les mâles…

Les femelles fertiles…

les femelles stériles…

La fourmi noire ouvrière mesure de 3 à 5 mm de long. Elle est de couleur foncée à noire et sa taille ne comporte qu'un segment. La reine, mesurant 15 mm de long, est de couleur brune.

La fourmi noire ou Lasius Niger nidifient en plein air dans les murs, dans les gazons et les pierres.

Elle pénètre dans les habitations, principalement à la recherche de nourriture.

Cycle de vie des fourmis

Les fourmis sont réunies en une organisation dans laquelle chaque individu a une tâche précise au sein de la communauté.

Divisées en castes (comme d'autres insectes : termites, abeilles…) Les rôles sont différents et complémentaires.

La caste *des reproducteurs est formée des femelles (reines) et des mâles, alors que celle des ouvrières est constituée de femelles stériles assurant la construction et l'expansion de la fourmilière, la recherche de la nourriture et l'élevage des jeunes larves.*

Les mâles *meurent après l'accouplement tandis que les femelles perdant leurs ailes creusent le sol pour y passer l'hiver.*

La ponte *débute au printemps et des larves dépourvues de pattes naissent 3 à 4 semaines plus tard.*

Nourries *par les sécrétions des glandes salivaires de la reine, elles atteignent progressivement le stade de nymphe, succédé par celui d'adulte. La classification dans les castes n'intervient que plus tard, le cycle ayant une durée d'environ 60 jours.*

Agriculture et apiculture au centre de l'histoire des hommes

les prémices de l'entomologie

Dans l'excellent ouvrage, « *L'abeille, l'homme, le miel et la cire* » édité de la réunion des musées nationaux, du musée national des arts et traditions populaires en collaboration avec d'éminents spécialistes, l'auteur nous rappelle justement pour ce qui concerne l'intime mariage de l'agriculture et de l'apiculture :

« *qu'il est impossible de dissocier l'émergence et la diffusion de nouveaux savoirs et de nouveaux savoir-faire en matière d'apiculture qui marquent les XVIII*[e] *et XIX*[e] *siècles, du grand mouvement de rénovation des connaissances et des pratiques agricoles qu'engagent à la même époque, agronomes et économistes* ».

Ajoutant qu'étant entendu que l'élevage des « mouches à miel » est traité comme des activités secondaires certes, mais non négligeables au cultivateur.

L'on ne saurait donc s'étonner de retrouver appliqués à l'agriculture des jugements et des comportements de même ordre que ceux qui s'appliquent aux autres domaines de la production agricole.

L'agriculture fit son apparition dès l'instant, où la propriété territoriale s'est constituée.

Quant à la date précise où elle prend naissance, cela remonte si loin dans la caverne des âges, que tout ce qu'il est permis de supposer, c'est qu'elle a dû commencer en des temps différents, selon sans doute les pays et les hommes. Comme les autres industries, le système agricole a suivi le progrès des civilisations.

Pour ce qui concerne l'étude des insectes et plus particulièrement celle concernant les abeilles passe par des entomologistes.

Aristote, le père de l'entomologie

La science entomologique fut délaissée pendant le Moyen-âge et, c'est à peine si les historiens en trouvent quelques traces dans les écrits d'Albert le Grand.

Au siècle suivant, en 1652, les grands travaux commencèrent en Hollande, avec Johan Swammerdam. Il fut considéré comme le plus grand entomologiste de l'époque et fit paraître sa bible de la nature. Swammerdam, ce naturaliste né à Amsterdam le 12 février 1637, est décédé le 17 février 1680.

Ce prodigieux anatomiste du XVIIe siècle mourut à 43 ans, quelques années avant la naissance de Réaumur (1683-1757) considéré encore aujourd'hui comme le fondateur de la biologie expérimentale moderne. Il fit des études médicales à Leyde, à Saumur et à Amsterdam, et reçu docteur à Leyde en 1668, se consacra alors exclusivement à l'étude des Insectes.

En anatomie, il fit la découverte des valvules et des vaisseaux lymphatiques. Son œuvre capitale est son Histoire générale des insectes.

On peut affirmer qu'avant Réaumur, les abeilles étaient à peu près totalement inconnues, et que seul Swammerdam avait fait de sérieuses recherches anatomiques.

Après une éclipse au Moyen-Âge, le renouveau apparaît au XVIIIe siècle en France et en Europe : en Italie d'abord, avec de grands esprits comme Aldrovandi, Redi, Malpighi Marcello. Malpighi était un médecin et anatomiste italien (Crevalcore, 1628 - Rome, 1694).

Les travaux du médecin italien ne se limitent pas à l'anatomie humaine. Différents insectes passent également sous la lunette de son microscope (en particulier le ver à soie auquel Malpighi consacre, en 1673, un livre qui fera date dans l'histoire de l'entomologie) en France, les travaux des Italiens étaient connus, mais tournés en dérision.

Peu avant, un autre anatomiste, Géodart, avait publié les premiers travaux de ses observations exactes sur les mœurs des insectes.

Dès le IVe siècle av. J.-C., Aristote s'intéresse aux insectes et devient le premier entomologiste.

Il fut le premier qui ait écrit sur les insectes et en ait fait une classe à part, aussi le regarde-t-on avec raison comme le père de l'entomologie.

Puis, l'on trouve des écrits «entomologiques», au IIIe siècle avant J.-C., sous le règne de Ptolémée Philadelphe, Antigonius Caristius décrit des «abeilles» (en fait des mouches nécrophages, des éristales de même taille et de même couleur) qui naîtraient de cadavres de bœufs enterrés.

Cette légende perdure chez les romains, les poètes Virgile et Ovide sont à peu près les seuls qui se soient occupés de ces insectes : encore même n'ont-ils étudié que les abeilles.

Aristote

Les débuts de l'entomologie sont difficiles

Un précurseur, l'abbé Pluche, publie en 1732 un ouvrage intitulé « Spectacle de la nature, ou Entretiens sur les particularités de l'histoire naturelle qui ont paru les plus propres à rendre les jeunes gens curieux et leur former l'esprit ».

Le XVIIIe siècle s'est intéressé aux sciences, surtout à l'astronomie, à l'histoire naturelle et à la chimie mais cet intérêt était souvent associé à des pratiques de sociabilité mondaine et aristocratique.

Rendre la science « populaire », c'était être capable de la rendre aimable auprès des gens du monde.

L'intérêt pour les sciences est évidemment aussi l'une des grandes caractéristiques de la pensée des Lumières.

On y parle organisation sociale, nombre d'espèces, métamorphoses, morphologie, anatomie des insectes.

En 1775, Fabricius, dans son système entomoligique, proposa une nouvelle classification des insectes basée sur les organes buccaux et cette méthode est restée la seule suivie jusqu'à la publication de celle de LATREILLE en 1798.

André Latreille, naturaliste Français, né à Brive (1762-1833), fut l'un des fondateurs principaux de l'entomologie. Parmi les entomologistes qui ont illustré l'intervalle entre ces deux époques, on cite surtout :

ILLIGER, THUNBER, DONOVAN, FOURCROY, CRAMER, CLAIVILLE, ENGRAMELLE pour ne citer qu'eux ...

Au commencement de notre siècle, parurent GEORGES CUVIER, MARCELLE de SERRE, HUBER, HARRIS, GRAVENHORST, LEHMAN, HUBNER, SCHOENBEER...

En 1815, les scientifiques s'occupèrent de généraliser les faits recueillis et de perfectionner les classifications déjà connues.

Enfin, c'est à la même époque que l'on créa une branche toute nouvelle de la science, celle qui avait spécialement pour objet d'étudier des insectes dont l'homme pouvait trouver quelque utilité au point de vue thérapeutique, industriel ou agricole. C'est le cas de l'abeille, qui suscita les observations de nombreux entomologistes ou de grands spécialistes comme le biologiste Jean Rostand.

L'histoire naturelle de Pline

Se découpe en plusieurs parties :

- le premier livre expose la structure de l'univers,
- les livres III et IV sont consacrés à la géographie,
- les livres VII à XI aux animalia, à tous les êtres vivants, hommes et animaux,
- les livres XII à XIX à la botanique,
- les livres XX à XXXII à la médecine;
- les livres XXXIII à XXXXVII traitent des minéraux, métaux et pierres précieuses.

L'année qui suit la publication de son Histoire Naturelle, Pline meurt victime de sa curiosité scientifique : en voulant observer de plus près la fameuse éruption du Vésuve qui devait ravager Pompéi, il périt suffoqué par les exhalaisons sulfureuses.

La société des abeilles

La classification des insectes telle que nous la connaissons nous vient de CARL VON LINNE, naturaliste suédois du XVIIIe siècle qui les a classés par catégories en différenciant leurs caractères morphologiques.

Chaque animal est classé selon une nomenclature binomiale (genre, espèce) latine et appartient à un ordre, une classe, un embranchement.

Nid de guêpes

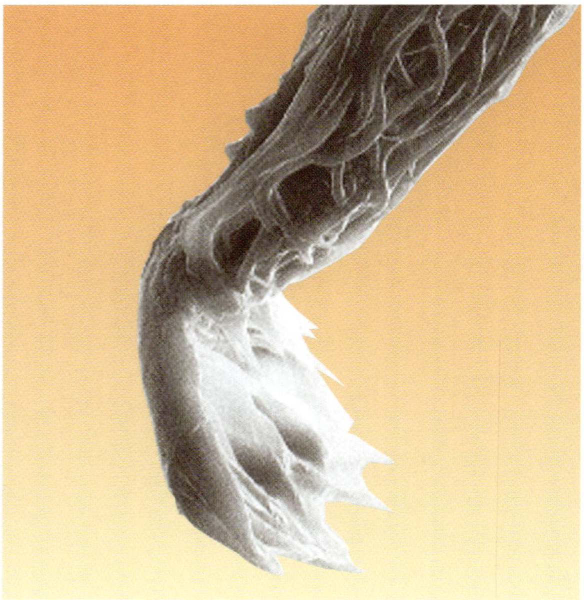

Extrémité de la langue d'une abeille

L'espèce est caractérisée comme un ensemble d'individus susceptibles de se reproduire entre eux, et seulement entre eux et d'avoir une descendance fertile.

L'embranchement : Arthropodes

Classe : Insectes

Ordre : Hyménoptère, dont les caractéristiques : métamorphose complète : c'est-à-dire que le développement stades œuf, larve, nymphe et finalement imago.

L' abeille appartient au même ordre que la guêpe, le bourdon et les fourmis.

Les Hyménoptères constituent après les Coléoptères, l'ordre d'insectes le plus diversifié. On évalue actuellement leur nombre à plus de 120 000 espèces. Leur nom signifie « ailes en membrane ».

Ils sont en effet pourvus de deux paires d'ailes membraneuses reliées l'une à l'autre par un système de couplage. Ce dernier est constitué par une série de crochets (hamules) de l'aile postérieure qui s'engagent dans une gouttière de l'aile antérieure.

L'appareil buccal varie du type broyeur au type lécheur avec des formes intermédiaires. Les mandibules bien développées servent à la capture des proies et au façonnage du nid. Chez tous les Hyménoptères, les maxilles et le labium sont unis par une membrane et forment une sorte de trompe qui permet l'aspiration des liquides.

Chez les espèces nectarivores, la trompe plus ou moins allongée peut se replier au repos à l'intérieur de la cavité buccale. De nombreuses espèces d'Hyménoptères sont carnivores à l'état larvaire et nectarivores à l'état adulte, mais toutes les abeilles nourrissent leurs larves de pollen et de nectar.

Les larves des Hyménoptères sont pour la plupart dépourvues de pattes, mais elles ont une capsule céphalique bien visible. A la fin de leur développement, elles tissent souvent un cocon d'où l'adulte émerge après la nymphose.

Une autre caractéristique des Hyménoptères est leur haplo-diploïdie : les mâles sont haploïdes car leurs cellules ne renferment qu'un seul exemplaire des chromosomes de l'espèce tandis que les femelles sont diploïdes, leurs cellules possédant une paire de chacun de ces chromosomes.

Famille : apidés

L'abeille domestique est la plus évoluée de tous les insectes

La vie de la colonie est extrêmement bien organisée. Tous les individus se consacrent au bien-être de la communauté, chacun ayant des tâches bien définies.

L'abeille domestique. Cette espèce, Apis mellifera, comprend plusieurs sous-espèces, ou races, dont l'abeille noire *(A. m. mellifera)*, l'abeille caucasienne *(A. m. caucasica)* et l'abeille italienne *(A. m. ligustica)*.

Cette dernière est la plus populaire. Elle est associée à l'apiculture commerciale dans plusieurs pays.

Plusieurs universités utilisent l'abeille comme modèle pour la recherche fondamentale sur les insectes sociaux.

Actuellement, les thèmes le plus souvent étudiés sont la division des tâches (polyéthisme), la différenciation des castes d'abeille, les mécanismes de défense contre les maladies et les parasites, l'écologie, l'évolution de la sociabilité, la génétique et les facteurs influençant la propagation des différentes espèces.

L'abeille est également un sujet d'étude apprécié pour la recherche sur l'orientation, la communication, la physiologie, la nutrition ainsi que la biologie de l'évolution.

Les faux bourdons ou mâle

La Reine

Les ouvrières, femelles stériles

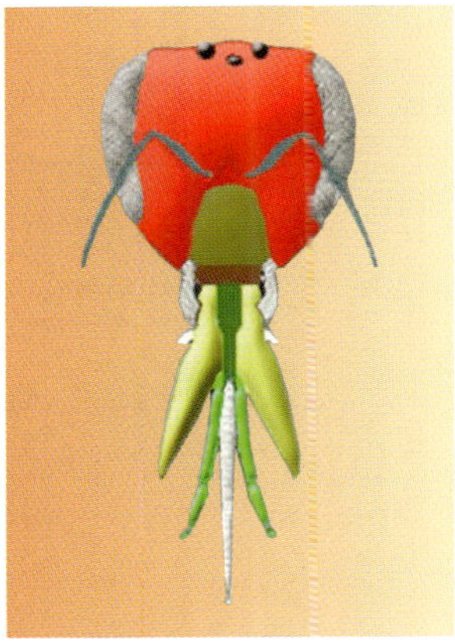

Tête d'une abeille ouvrière

(cliché Bernard Leclercq)

Les ailes d'abeilles

Les insectes sont les seuls invertébrés capables de voler. Faute de données fossiles suffisantes, l'apparition des ailes n'est pas élucidée. Deux hypothèses s'affrontent. L'une affirme que les ailes se sont développées à partir d'excroissances plates du thorax qui auraient pu servir, chez les formes primitives, à atterrir du bon côté après un saut ou après un coup de vent. L'autre voit dans les ailes une extension d'organes de respiration aquatiques (des trachéobranchies, telles qu'en ont les larves d'éphémères) qui se sont progressivement durcis pour, par exemple, stabiliser la nage.

Les battements d'ailes peuvent être beaucoup plus rapides, environ 200 par seconde chez les abeilles, 600 chez les moustiques et jusqu'à 1 000 par seconde chez certains moucherons.

Des cadences aussi rapides ne peuvent pas être commandées directement par les influx nerveux. Elles sont maintenues automatiquement, grâce aux propriétés de certains muscles et à l'élasticité de la carapace du thorax : la contraction de certains muscles a pour conséquence d'en allonger d'autres, lesquels ont la particularité de réagir en se contractant, ce qui active les premiers muscles, et ainsi de suite...

Comme pour tous les insectes, les ailes des abeilles ne sont pas des appendices vrais comme les pattes, mais plutôt de fines excroissances du squelette qui ont été substantiellement modifiées pour le vol. Les deux paires d'ailes sont ancrées sur le segment supérieur du thorax et s'articulent avec celui-ci permettant, par la même occasion, une grande variation des mouvements.

Schéma de la cuticule de l'abeille en coupe perspective

Une des caractéristiques essentielles des Artropodes est la sécrétion par l'épithélium d'une cuticule souvent rigide et dure qui constitue un véritable squelette externe. Cette cuticule contient toujours de la chitine (voisine de la cellulose).

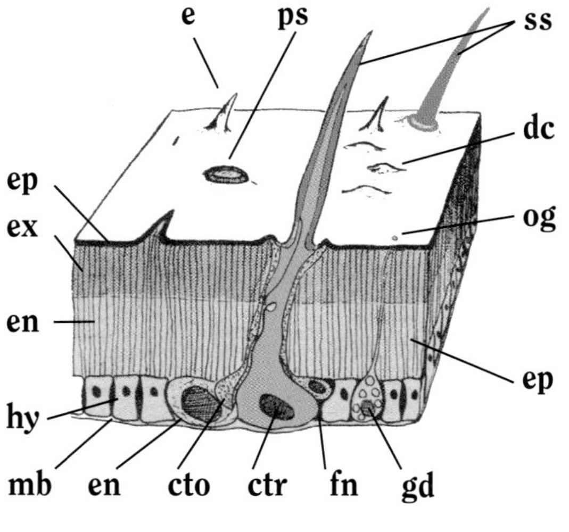

en : cellule nerveuse
cto : cellule tormogène
ctr : cellule trichogène
de : décoration cuticunaire
e : épine
en : endocuticule
ep : épicuticule
ex : exocuticule
fn : filet nerveux
gd : glande muqueuse
hy : hypoderme
mb : membrane basale
og : orifice gandulaire
ps : pore sensoriel
ss : sole sensorielle

CLASSE DES INSECTES

Cette classe est divisée en 32 ordres, dont celui des hyménoptères

Hyménoptères

- Métamorphose complète
- Ailes membraneuses
- Pièces buccales de type broyeur-lécheur
- Parthénogenèse fréquente

Diptères

Les mouches

Lépidoptères

Les papillons

Apocrites aculéates

- Thorax séparé de l'abdomen par un pédoncule (taille de guêpe)
- Aiguillon chez les femelles

Autres hyménoptères

Insectes sans pédoncule et sans aiguillon

Apoidea

- Les abeilles en général, solitaires ou sociales (20 000 espèces)
- Nourriture : nectar et pollen

Vespoidea

Les guêpes

Formicoidea

Les fourmis

Apidea

Insectes sociaux à langue longue

Andrénidae

Ab. solitaires langue courte

Mégachilidae

Ab. solitaires langue longue

Apis

Colonies permanentes, essaimage

Bombus

Les bourdons

Mélipona

Les mélipones

Apis mellifera

L'abeille mellifère (« domestique »)

Apis cerana, etc.

Abeilles du Sud-Est asiatique

Le saviez-vous ?

Une abeille vole à la vitesse de 27 km/h et parcourt environ 800 km durant sa vie.

Nombre de battements d'ailes : 75 à 150 par secondes.

Une abeille pèse à vide 80 mg, charge maximum d'une abeille : 70 mg ! Ainsi un essaim d'un kilogramme compte en moyenne 10 000 abeilles.

Une butineuse en un vol visite 20 à 300 fleurs en 1/4 - 1/2 h, parcourant 1km en moyenne et récolte :

soit environ 40 mg de nectar ce qui donnera 10 mg de miel

soit environ 20 mg de pollen.

Production de cire par une colonie en une année : 1/4 à 1/2 kg.

Les abeilles consomment 10 kg de miel et 1 kg de pollen pour produire 1 kg de cire, 1 dm^2 contient, en comprenant les 2 faces : 850 cellules d'ouvrières ou 510 cellules de mâles, pèse 12 g et peut contenir 1/3 kg de miel

Volume d'une cellule : 0,3 cm3 : peut contenir presque 1/2 g de miel ou 0,4 g de pollen (20 paires de pelotes).

En m/m	**cellule d'ouvrière**	**cellule de mâle**	**cellule royale**
profondeur	11-12	15	20-24
largeur	5.5 – 6	6.6 – 7	9

La cire fond à 63°C et son poids spécifique est de 0,96.

Distance entre cadres : de centre à centre entre 32 et 38 mm. Distance idéale pour le couvain : 35 mm.

Les larves d'abeille (RSA 93-11-452) multiplient leur poids par 1 500 en 6 jours

(nourriture : pollen mélangé à un peu de miel et d'eau)

Le poids des œufs qu'une reine pond pendant un jour de printemps est égal à son propre poids.

Un œuf mesure 1,3 à 1,8 mm et pèse 0,132 mg

Une nymphe d'abeille consomme 4,5 mg de pollen et 140 mg de miel

Une reine pond jusqu'à 2 000 œufs par jour, 130 000 œufs par an, 500 000 œufs dans sa vie.

Stade	**Reine**	**ouvrière**	**faux-bourdon**
Œuf	3	3	3
Larve	5	6	7
Nymphe	8	12	14
Naissance	16 jours	21 jours	24 jours
Poids	0,16-0,21g	0,10g	0,23g
Longueur	16 - 18 mm	12 - 13 mm	15 mm

Durée de la vie de l'abeille (RSA 94-01-020)
Abeilles d'été :
15-48 jours
(M, domaine de valeur entier)
20-35 jours
(M, fréquence élevée)
60-70 jours
(H)
Abeilles
d'hiver :
170 jours
et plus (M)
jusqu'à
243 jours
(H)

Les abeilles réalisant de 20 à 30 sorties par jour en période de miellée, 2 à 30 millions de fleurs sont visitées chaque jour !

Visite d'une ruche

Définition

La parthenogénèse

Les multiples ruses de la nature pour éviter la fécondation

La parthénogenèse est un mode de reproduction indépendant de la fécondation. Ce mode de développement se rencontre beaucoup dans l'embranchement des arthropodes mais aussi chez certains lézards et dans le cas du dindon.

Les modalités de la parthénogenèse sont très diverses et l'on va adopter une classification en fonction du sexe des individus parthénogénétiques obtenus :

- uniquement des femelles : thélytoque ;
- uniquement des mâles : arrhénotoque ;
- des mâles et des femelles : deutérotoque.

Chez l'abeille, la parthénogenèse est facultative et arrhénotoque.

Les individus parthénogénétiques sont diploïdes, c'est-à-dire : se dit d'un individu, une cellule ou un noyau possédant deux exemplaires (2n) de chacun des chromosomes constitutifs de l'espèce, dans chaque cellule.

L'abeille offre un exemple de parthénogenèse facultative arrhénotoque. Au cours de son vol nuptial, la reine s'accouple avec plusieurs mâles.

Les spermatozoïdes qu'elle reçoit s'accumulent dans un réceptacle, la spermathèque.

Peu après le vol, la ponte commence, les ovocytes pouvant ou non être fécondés lorsqu'ils passent devant la spermathèque.

Les œufs parthénogénétiques fournissent des mâles (faux-bourdons), tandis que les œufs fécondés produisent des femelles (ouvrières stériles ou reines), selon la nourriture reçue par les larves.

A l'origine de la ruche, on a une reine (femelle féconde). Celle-ci, pendant le vol nuptial, va être fécondée par plusieurs mâles. Les spermatozoïdes recueillis sont stockés dans un réceptacle séminal. Au niveau du conduit allant du réceptacle au vagin, un sphincter est présent :

- Si le sphincter est contracté, l'œuf émis est non fécondé : l'individu obtenu est haploïde.

- Si le sphincter est relâché, l'œuf émis est fécondé : l'individu est diploïde.

Les œufs fécondés sont placés dans des alvéoles « banales » et donneront des femelles ouvrières stériles.

Les œufs haploïdes sont placés dans d'autres alvéoles et donneront les mâles (les faux bourdons).

C'est à Jean (Johaness) Dzierzon qu'on doit la découverte de la pathogenèse chez les abeilles. Expériences décisives d'où, aujourd'hui, cette loi qu'on appelle « la loi de la pathogenèse classique de Dzierzon ».

Apiculteur allemand, né à Lobkowitz (Haute-Silésie) le 11 janvier 1811, mort au même lieu en janvier 1907

C'est lui qui a démontré en effet, que les mâles d'une ruche (appelés encore faux bourdons) étaient issus d'œufs pondus par la mère mais qui n'avaient reçu aucun élément provenant du mâle fécondateur tandis que les œufs d'où sortaient les ouvrières (ou les femelles fécondes) avaient de besoin pour se développer de la présence du germe fécondateur mâle.

Chez certains insectes, plusieurs embryons sont formés à partir d'un seul œuf. Ce processus est appelé polyembryonie. Parfois, plus de cent larves sont formées à partir d'un seul œuf.

A l'opposé, certains insectes vivent très longtemps à l'état larvaire.

Ainsi, le hanneton reste au stade larvaire pendant trois ans.

Le record de longévité, pour un insecte non social, est sans doute détenu par une cigale dont la larve passe dix-sept ans dans le sol.

Les insectes sociaux (fourmis, termites, abeilles, guêpes) vivent en général beaucoup plus longtemps que les autres. Ainsi, il semble que les reines géantes de certains termites puissent atteindre l'âge de cinquante ans.

Un rayon
couvain sauvage

Des hexagones pour maximiser des cellules de cire

Nous savons que les alvéoles des rayons d'une ruche sont construits en cire par les " abeilles cirières ", permettent de stocker le pollen, le miel et de loger les œufs et les larves (le couvain).

Ginette MISON et René GAUTHIER soulignent que dès l'Antiquité, on a remarqué la section hexagonale des alvéoles : ARISTOTE (Histoire des animaux) en 400 av. J-C., PLINE l'Ancien (Histoire naturelle) ; Pappus, un mathématicien grec du début du IVe siècle, a démontré que l'hexagone régulier est, de tous les polygones qui peuvent recouvrir le plan par juxtaposition, celui qui présente le périmètre minimum pour une surface donnée.

Par contre, précisent encore nos historiens, il faut attendre le XVIIIe siècle pour que la forme des losanges de raccordement soit étudiée de manière précise. MARALDI (neveu de CASSINI) détermina expérimentalement l'angle de 109°28' de ces losanges.

KÖNIG traita la question par le calcul et trouva 109°26'. Mais ce calcul était faux, comme le prouva Mac LAURIN en 1743, confirmant le résultat de MARALDI. D'autres études sont faites par BUFFON, REAUMUR, HUBER, LHUILLIER, LALANNE… avec des interprétations différentes.

Réaumur a proposé de prendre l'alvéole comme base d'un système de mesures invariables. La longueur du pendule déterminée dans un pays dont la latitude est bien connue donne une mesure fixe qui été longtemps désirée des savants, une mesure à laquelle toutes celles dont on veut avoir une connaissance précise et sûre doivent être rapportées. Nous ne serions pas aussi embarrassés que nous le sommes souvent sur les mesures des Anciens s'ils eussent connu cette mesure fixe.

Nous en aurions une autre, qui, quoique moins exacte, suffirait pour bien des cas, s'ils nous eussent donné les mesures des cellules des abeilles; car il est plus que probable que les abeilles d'aujourd'hui des environs d'Athènes et de Rome sont de la même espèce que celles qui y étaient autrefois; que celles d'aujourd'hui ne font pas des alvéoles plus grands ou plus petits que ceux que faisaient les abeilles qui travaillaient dans les temps où les Grecs et les Romains ont été les plus célèbres. M. Thévenot avoit pensé aussi, comme nous le rapporte Swammerdam, à prendre une mesure fixe d'après les cellules des abeilles.

«Histoire des Insectes», tome V.

Les mathématiciens qui cherchaient des réponses sur la question : pourquoi les abeilles construisent des alvéoles hexagonales plutôt que des structures octogonales ou pentagonales ? sont arrivés à une conclusion intéressante:

“ un hexagone est la forme géométrique la plus appropriée pour maximiser l’utilisation d’une surface donnée ”.

La construction hexagonale

Chacun des angles d’un hexagone régulier mesure 120 degrés.

Les abeilles utilisent donc la forme hexagonale, la plus appropriée possible pour construire leurs alvéoles, et réussissent à construire les cellules de sorte que la surface de cire soit minimale, alors qu’elle peut contenir une quantité maximale de miel.

Le corps de l’alvéole

Il se compose d’un prisme hexagonal droit. Le fond n’est pas un plan, mais une surface concave formée par 3 losanges égaux ayant un sommet commun; à chaque cellule peuvent ainsi être adossées trois cellules de la série opposée ayant chacune avec la première un losange commun.

Le côté de l’hexagone mesure en moyenne 2,71 mm et la profondeur de l’alvéole 11,3 mm.

Quant à l’épaisseur des parois du fond, elle est à peine le tiers de celle d’une feuille de papier ordinaire; l’ouverture de la cellule est d’ailleurs renforcée par un rebord de cire.

Abeille solitaire

Anatomie de l'abeille

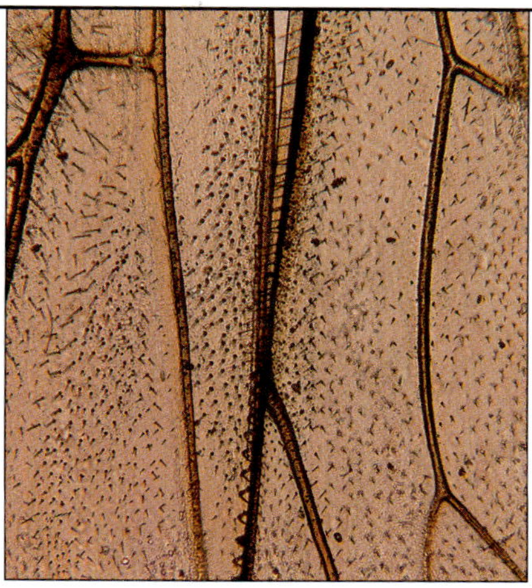

L'abeille se compose de trois parties

La tête

Le thorax

L'abdomen

Chez l'ouvrière, la tête rassemble plusieurs organes essentiels pour sa fonction.

Nous retrouvons les antennes équipées de plaques poreuses qui jouent un rôle dans la communication olfactive. L'odorat est particulièrement développé chez l'abeille. Cinq yeux (3 simples + 2 à facettes), les mandibules indispensables au malaxage de la cire, la langue qui aspire le nectar des fleurs. Plus longue est cette langue et mieux elle peut atteindre le nectar des fleurs profondes.

Les apiculteurs sélectionnent les abeilles à longue langue. Les glandes salivaires chargées de la production de la gelée royale. Cette sécrétion servir à nourrir les larves.

Le thorax regroupe des organes de locomotion comme les pattes (3 paires) ou les ailes. Les deux paires d'ailes battant 300 fois par seconde vont permettre à l'ouvrière de parcourir 700 Km pendant son existence.

Chaque paire de pattes remplit une fonction bien précise.

L'abdomen renferme l'appareil digestif, respiratoire, circulatoire, les glandes cirières, les organes génitaux qui sont atrophiés chez l'ouvrière, les glandes de Nazanoff organe de communication grâce à l'émission de phéromones.

Si l'abdomen renferme le tube digestif formé du jabot, de l'intestin et du rectum, il convient d'ajouter un dard appelé aiguillon, tant redouté, relié à une glande à venin constitue l'arme défensive de l'abeille.

L'aiguillon est composé de deux lancettes barbelées supportées par des plaques dures et des muscles puissants.

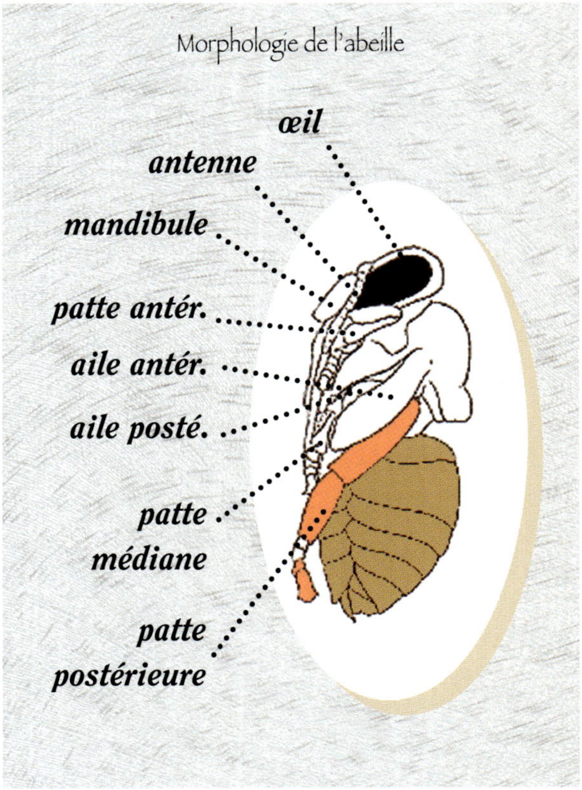

Les outils de l'abeille

1 - Deux détecteurs à parfums: les antennes sont percées de petits trous et font office de nez.

2 - Trois petits yeux (modèle ordinaire), dont les savants n'ont pas encore très bien saisi l'utilité (mais il doit y en avoir une, ne vous tracassez pas).

3 - Un ordinateur miniaturisé (cerveau): grâce à cette belle invention, l'abeille sait de naissance tout ce qu'elle devra faire dans sa vie et comment elle devra réagir en toutes circonstances.

4 - Un laboratoire à gelée royale : il se trouve également dans la tête près du cerveau. Comme l'usine à cire, celle-ci ne fonctionnera que quelques jours seulement.

5 - Quatre ailes : avant de s'envoler, l'abeille les agrafe 2 par 2 grâce à 23 petits crochets étudiés pour.

A l'intérieur de l'abdomen se trouvent:

6 - Une usine à cire, qui ne fonctionnera que quelques jours.

7 - Un jerrican (= jabot), qui peut contenir du nectar, de l'eau, du miel ou toute autre gâterie bonne à rapporter à la ruche.

8 - Une seringue à injecter du venin : un venin mortel pour pas mal d'animaux. L'abeille s'en sert surbout contre les envahisseurs (réels ou supposés) de la ruche.

9 - Une brosse à pollen : elle se trouve derrière sa patte. Elle sert à emplir la corbeille à pollen située sur l'autre patte et vice-versa.

10 - Un panier à pollen : la patte est creusée et élargie en forme de corbeille. Tout en volant, l'abeille y entasse le pollen qu'elle vient de récolter. Ici, la corbeille est pleine.

11 - Chaque patte est munie de ventouses (pour grimper aux surfaces dures et lisses) et de 4 crochets (pour escalader les surfaces tendres.

12 - Un décroche-pelotes articulé : cette petite épine sert à retirer la pelote de pollen de sa corbeille.

13 - Un appareil à nettoyer les antennes.

14 - Une panoplie du parfait modeleur, dissimulée dans la bouche. Deux mandibules en forme d'haltères servent à modeler la cire, mais aussi à transporter des tas de composants organiques.

15 - Une pompe à nectar : comprenant une trompe (ne confondre avec celle de l'éléphant qui est beaucoup plus longue) dans laquelle coulisse une langue de 2 mm qui aspire le nectar des fleurs.

16 - Deux yeux modèle grand luxe : ... pour voir ce qui se passe devant, derrière, en haut, en bas et sur les côtés.

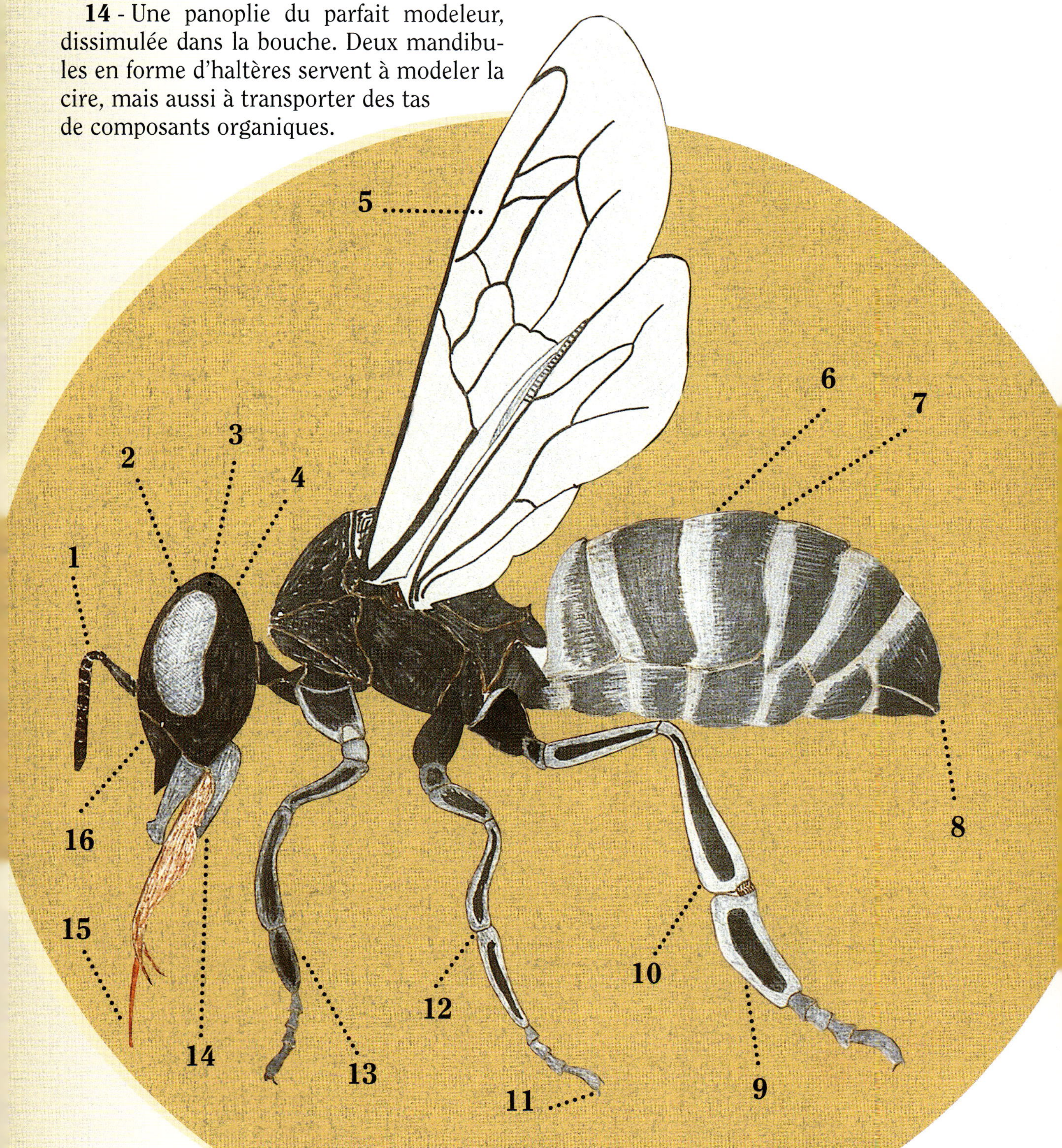

Cliché Michel Lanvière

Le corps de l'abeille

Les yeux

Deux yeux composés d'un grand nombre d'yeux simples

Dans le monde extérieur, les yeux de l'abeille lui permettent de déployer sa remarquable activité de récolteuse. La vue permet aux abeilles de s'orienter, de reconnaître les fleurs et ce, grâce aux couleurs, à la forme des objets et plus particulièrement à la texture

Les abeilles disposent d'organes des sens très perfectionnés. Leur vue et leur odorat sont particulièrement développés. Dans la ruche où l'obscurité règne, les odeurs vont les guider dans tous leurs travaux et dans leurs relations individuelles notamment pour qu'elles puissent se reconnaître entre elles.

Les yeux à facettes, ou yeux composés

Qui comprennent de plusieurs centaines à plusieurs milliers d'« unités de vision », les ommatidies (chaque facette correspondant à la surface externe d'une ommatidie). La surface d'une ommatidie est une lentille hexagonale (cristallin) surmontant une lentille conique (cône). Dans les yeux composés, l'image se forme par apposition ou par superposition des images partielles fournies par les ommatidies.

L'ouvrière possède 4 500 facettes par œil ; la reine, pour qui la vision est de peu d'utilité n'en a que 3 500. Quant au mâle, il est primordial qu'il soit capable de repérer une reine à grande distance, s'il veut être le premier à la féconder : ses yeux ont 7 500 facettes chacun.

Ces gros yeux ne perçoivent pas le rouge mais captent très bien les ultraviolets (UV). Ainsi les fleurs rouges sont relativement rares, alors que la plupart ont adopté des couleurs absorbant les rayons UV, afin d'attirer les bénéfiques insectes. Enfin les abeilles perçoivent la lumière tamisée, ce qui leur permet de repérer le soleil même à travers une couche de nuages.

Yeux vus de profil, et schémas de l'œil composé avec coupe des ommatidies

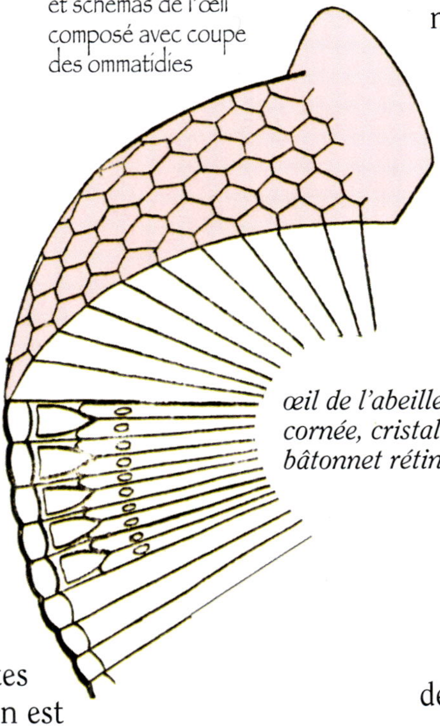

œil de l'abeille : cornée, cristallin, bâtonnet rétinien

Trois yeux simples ou ocelles

Les ocelles, yeux simples constitués de cellules photosensibles au sommet du front qui détectent l'intensité de la lumière autour d'elle.

Les ocelles distinguent la lumière et l'obscurité et rendent ainsi l'animal capable de situer l'emplacement et le mouvement d'un objet.

Elles ne donnent aucune image, mais concèdent à l'insecte de stabiliser sa ligne de vol par rapport à l'horizon. On peut dire que le corps en vol est bien stabilisé, quand les deux ocelles supérieures sont bien éclairées et que l'ocelle inférieure qui est dirigée sur l'horizon absorbe moins de lumière.

Les antennes

L'activité de la ruche se trouve réglée, grâce à un langage par signes qui ne saurait être ni plus clairs ni plus efficaces.

Les antennes ont plusieurs rôles

Elles peuvent sentir les odeurs, écouter grâce aux vibrations de l'air, communiquer grâce auxphéromones (hormones du langage).

C'est aussi grâce à leurs antennes qu'elles peuvent rentrer dans leurs ruches.

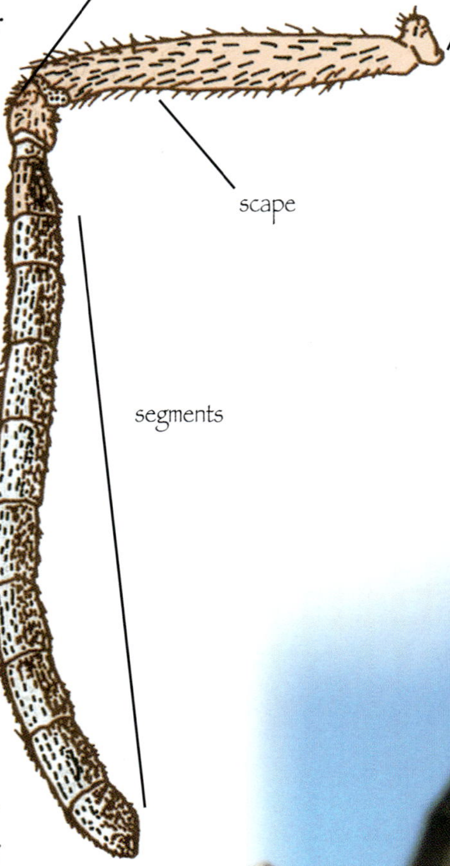

Les sens chez les insectes

L'olfaction joue un rôle prépondérant dans le comportement de nombreux insectes.

Les antennes représentent le sens de l'odorat. Au nombre de deux, elles sont reliées à la tête par le socket antennaire.

Elles se composent d'un scape, d'un pédicelle qui relie le scape au flagellum et enregistre les mouvements de celui-ci. Le flagellum est composé de 10 articles pour les reines et ouvrières et de 13 articles pour les mâles.

Les antennes sont pourvues d'une multitude de récepteurs olfactifs permettant à l'abeille de distinguer des centaines voire des milliers d'odeurs différentes.

On estime le nombre de ces organes à plus de 3 000 par antenne chez les reines, 3 600 à 6 000 chez les ouvrières et à plus de 30 000 chez les mâles.

Les antennes possèdent également des récepteurs du goût, ils ne sont donc pas situés dans la bouche mais sont également présents sur les pattes, ce qui permet à l'abeille de goûter ce qu'elle touche.

Les 2 antennes : 13 articles mobiles par antenne (organes du toucher) des antennes portant des organes sensoriels

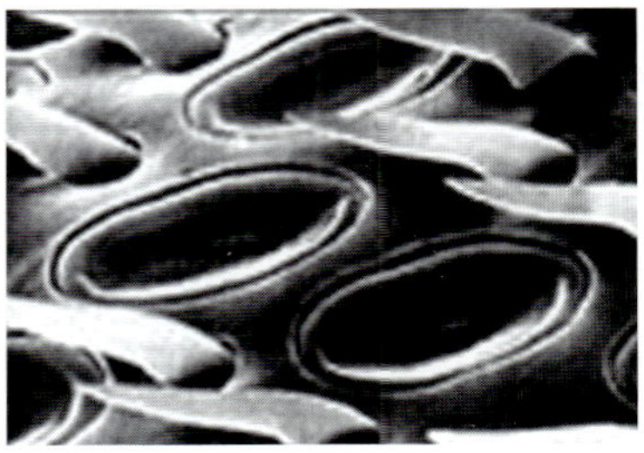

Pors d'une antenne

Contrairement aux hommes, les insectes sont beaucoup plus sensibles aux goûts, aux odeurs, aux sons et images.

Les antennes sont des appendices mobiles fixés sur la tête.

Le premier élément qui les compose, le scape, généralement le plus long, il est pourvu d'une musculature particulière dont les autres sont dépourvus. Le second élément relie le scape au reste de l'antenne, que l'on nomme la flagelle.

Un système de communication remarquable, propre aux abeilles, permet de diffuser dans la colonie un grand nombre de renseignements ou de messages le lieu de provenance de la nourriture (quantité, lieu et origine florale) par exemple.

Pour se faire comprendre, les hommes disposent de la parole; les abeilles s'expriment différemment, grâce à un système de communication à base de mouvements, d'odeurs, de repères visuels et de sons, qui constitue leur langage.

Ainsi, les ouvrières se transmettent des informations par signes tactiles (code antennaire), olfactifs ou chimiques ; elles s'informent par des sortes de gesticulations que l'on appelle «danses» dont la signification a été découverte par le savant autrichien Karl von Frisch.

Les insectes n'ont pas d'oreilles, mais beaucoup sont quand même capables de percevoir des sons par les vibrations de l'air.

Ils sentent ces vibrations grâce aux poils qui recouvrent leur corps ou par leurs antennes.

Langue pendue et pattes crochues

L'abeille domestique est un insecte broyeur-lécheur car elle lèche sa nourriture avec sa langue formée par la fusion du labium et des maxilles. Elle utilise ses mandibules pour pétrir la cire et en faire des alvéoles et malaxer la propolis.

La propolis désigne toute une série de substances résineuses, gommeuses et balsamiques, de consistance visqueuse, recueillies par les abeilles sur certaines parties de végétaux (essentiellement les bourgeons et les écorces de certains arbres), substances qu'elles rapportent à la ruche et qu'elles modifient vraisemblablement en partie par l'apport de certaines de leurs propres sécrétions (cire et sécrétions salivaires principalement).

Au niveau de la ruche, la récolte de propolis est faite par un nombre relativement restreint d'abeilles ouvrières butineuses spécialisées dans cette activité.

La butineuse attaque d'abord les substances résineuses ou gommeuses avec ses mandibules, puis étire la particule saisie jusqu'à la rompre, et elle constitue progressivement une petite pelote de propolis (plus petite que celle de pollen, ce qui est normal puisque le pollen est plus léger à volume égal) logée dans ses pattes postérieures (3e paire) qu'elle ramène à la ruche où des abeilles magasinières vont la stocker ou l'utiliser immédiatement s'il y a nécessité de le faire.

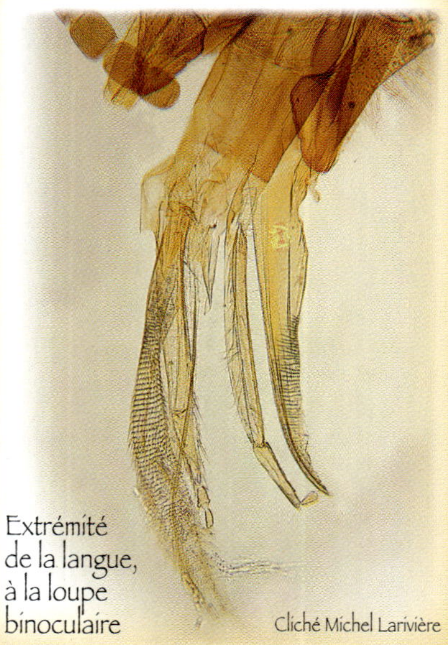

Extrémité de la langue, à la loupe binoculaire

Cliché Michel Larivière

La bouche de l'ouvrière

La bouche comprend deux mandibules puissantes qui servent à couper, pincer, raboter, façonner les écailles de cire, pétrir la propolis, construire les parois des cellules. L'abeille possède une trompe dotée d'une langue coulissante qui lui permet de pomper au plus profond des fleurs.

Il s'agit d'un organe composé qui se forme chaque fois que l'abeille a besoin de puiser le nectar. La trompe résulte de la réunion des palpes labiaux et des galéas maxillaires qui constituent ainsi une sorte de tube dans lequel coulisse la langue protractile et dont le fonctionnement s'assimile à celui d'une véritable pompe d'aspiration.

La longueur de la langue varie en fonction des races.

Faux bourdon, qui ne se nourrit pas seul et qui n'est pas équipé pour butiner, possède une langue légèrement plus courte entre 5,5 mm et 7 mm.

A l'intérieur de la tête, on trouve également les organes vitaux essentiels comme par exemple les glandes avec lesquelles la reine secrète la "phéromone", substance qui garde la colonie homogène et incite les ouvrières à produire la gelée royale.

Ajoutons la gelée royale secrétée par les nourrices.

L'abdomen contient le jabot

Sorte de réservoir où l'abeille accumule le nectar, le miel, le miellat, l'eau, qu'elle peut ensuite régurgiter au fur et à mesure de ses besoins.

Le miel est fabriqué par les abeilles à partir du nectar, substance sucrée cachée au creux du calice des fleurs.

Dès qu'elles ont fait le plein, le nectar est ingéré, il est stocké dans une poche qui se trouve dans le tube digestif de l'abeille, appelé "jabot". A leur retour à la ruche, elles vont se l'échanger entre elles un très grand nombre de fois. Le nectar sera ainsi mélangé à la salive qui possède une enzyme (protéine qui crée une réaction chimique) capable de transformer les sucres qu'il contient.

L'abeille le pompe avec sa langue et sa trompe, le stocke dans son jabot pour le transport. Pour une goutte de miel, l'abeille doit visiter 1 500 fleurs et faire 150 voyages.

Enfumage d'une ruche avant de l'ouvrir

Les pattes, de minuscules outils, chefs-d'œuvre d'ingéniosité

Le thorax comprend trois paires de pattes et deux paires d'ailes membraneuses transparentes tendues par des nervures rigides, lui permettant de voler (environ 25 km/h) et de ventiler.

Extrémité d'une patte

Les pattes, au nombre de six
Une véritable trousse à outils

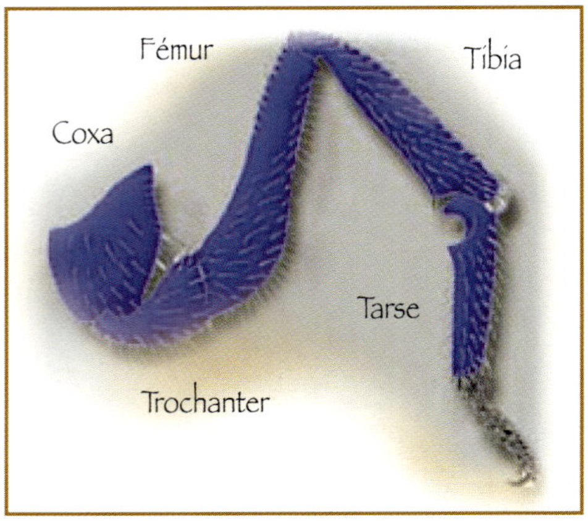

Elles servent à marcher, à s'accrocher, à nettoyer les antennes, à stocker le pollen lors de la récolte…

Les pattes arrières de l'abeille présentent, au niveau de la troisième articulation, de minuscules outils, chefs-d'œuvre d'ingéniosité, qui servent à récolter le pollen.

Pendant que l'abeille boit le nectar ou récolte le pollen, ses pattes se frottent aux étamines qui portent le pollen. Des boulettes de pollen s'accrochent dans les creux (corbeilles) de ses pattes arrières et l'enrichissent de leur sécrétion salivaire. En récoltant le pollen ou le miel, l'abeille participe à la fécondation des fleurs qui deviendront fruits ou graines. Elle ramène ensuite le nectar et le pollen à la ruche.

Le nectar est régurgité et ravalé par une autre ouvrière qui va l'ingérer et le faire transiter plusieurs fois entre son jabot et sa bouche. De cette manière, les sucres contenus dans le nectar seront peu à peu modifiés.

Le liquide transformé sera enfin déposé dans une cellule de cire qui, une fois pleine, sera refermée par un opercule de cire. Cette obstruction ne se fera que lorsque l'excès d'eau contenu dans le liquide sera évaporé, donnant ainsi un sirop de plus en plus épais. Cette évaporation est accélérée par la chaleur produite par les abeilles. Par le travail des ventileuses, l'intérieur de leur ruche se régularise à une température voisine de 30°C, même en plein hiver.

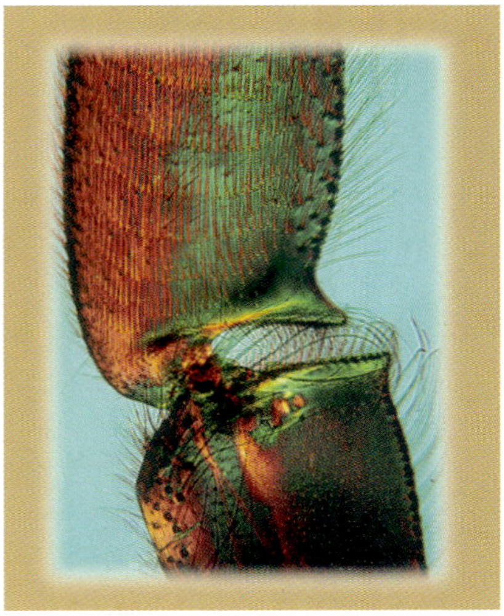

Détail d'une patte : la corbeille

Schéma interne de l'abeille

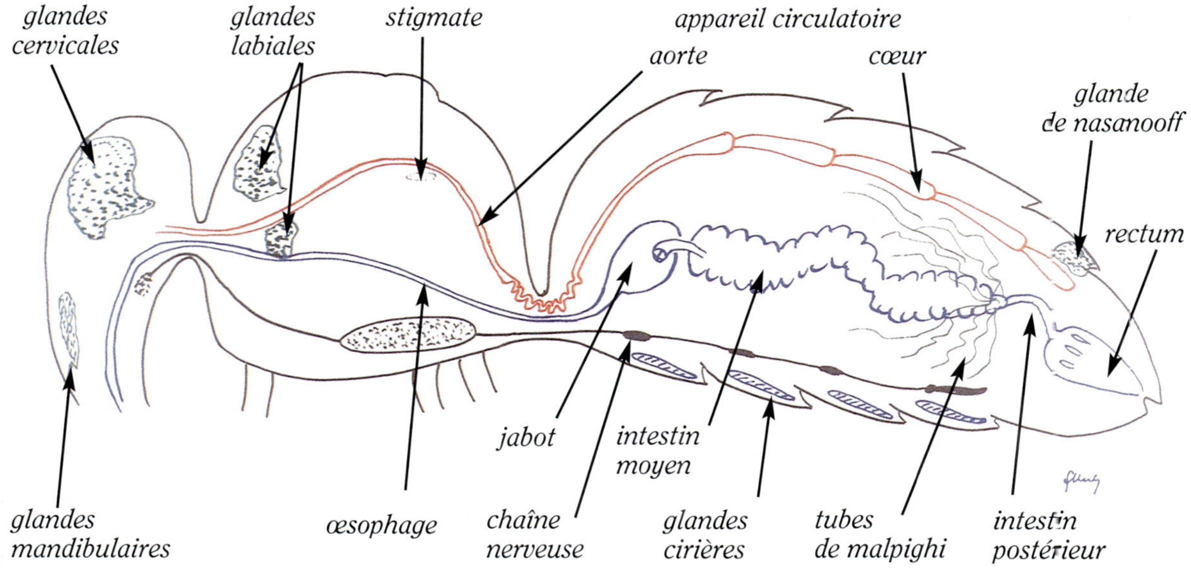

La reine se nourrit de sécrétion

La reine ne possède pas de panier à pollen, de glandes sécrétrices ou de jabot mais se nourrit presque exclusivement de sécrétion.

Les pattes sont fixées à la partie inférieure du thorax à raison d'une paire par segment thoracique.

Le prothorax reçoit les pattes antérieures ; le mésothorax, les médianes et le métathorax, les postérieures.

Reine en cours de ponte

Les pattes, très mobiles, se composent de 5 articles, dans l'ordre :

1 - la hanche ou coxa
2 - le trochanter ou cuisse
3 - le fémur
4 - le tibia
5 - le tarse qui est également composé de cinq articles. Au bout du tarse, se trouve une paire de griffes et la ventouse permettant à l'abeille de se déplacer sur des surfaces lisses et rugueuses.

Chaque paire de pattes possède ses fonctions

A l'aide des pattes antérieures, elle se peigne, se nettoie les yeux et les antennes. Avec les pattes médianes et postérieures, elle nettoie les flancs de son corps ainsi que le ventre.

Après chaque sortie de butinage, l'abeille fait sa toilette et par des convulsions de tout son corps, elle attire ses sœurs qui se précipitent de la frotter avec leurs mandibules.

Les pattes postérieures sont légèrement divergentes des autres par le fait qu'elles possèdent des instruments spécialisés pour la récolte du pollen qu'elles transportent sous forme de pelote.

Elle détache le pollen de la fleur avec ses mandibules et ses pattes antérieures. Le pollen étant sous forme de poudre, et afin de le rendre collant elle humidifie celui-ci avec du miel ingurgité avant l'envol.

Elle utilise la brosse à pollen située sur le premier article du tarse pour récupérer la poudre de pollen restée attachée à son corps pendant la récolte. Par la suite, avec le peigne situé à l'articulation du tibia et du premier article du tarse, elle le pousse dans la corbeille à pollen qui est une dépression située à la base du tibia.

A l'intérieur de la corbeille, se trouve un poil unique (éperon) qui fait office de mât et c'est sur celui-ci que vient se fixer la pelote de pollen.

Ses six pattes sont également un outil de travail très perfectionné : les pattes antérieures, munies de petites ventouses lui permettent d'agripper le pollen, de se pendre à tout support, de frotter ses antennes.

Les pattes postérieures pubescentes et creusées comme des cuillers, sont dotées de sacs à pollen, où elle charge et amasse sa précieuse récolte.

C'est également par les pattes en question garnies de crochets que les abeilles se pendent les unes aux autres pour s'installer en essaim ou former une chaîne cirière.

Chaque abeille s'accroche aux autres par les pattes. L'ouvrière bâtisseuse commence par récupérer ses lamelles de cire, elle les porte à sa bouche pour les modeler. La boulette obtenue remonte la chaîne d'abeille en abeille pour arriver aux abeilles chargées de la construction des alvéoles.

Elles aplatissent la cire et construisent des parois très minces. Les antennes servent d'instrument de mesure de haute précision

Le langage des abeilles

Guêpe poliste

On croyait que le seul moyen des abeilles de communiquer entre elles était la danse. Bien que la valeur des ballets pleins de sens et décrite par l'Autrichien von Frisch ne soit pas discutée, on sait qu'elles joignent la parole au geste ou plus particulièrement qu'elles émettent des messages sonores. Ceux-ci permettent aux abeilles de faire connaître des renseignements précis sur les sources de nourriture. Ce sont vraiment les antennes qui sont l'organe de cette communication. Mais les abeilles font aussi appel aux odeurs pour échanger des informations entre elles.

Danses, sons, odeurs, c'est donc à ces trois niveaux que se situe ce que l'on nomme le langage des abeilles.

Aristote, Virgile, Pline, Théophraste avaient longuement écouté les ruches, en vain. Plus tard, au XVIIIe siècle, Swammerdam, Réaumur et Huber avaient, eux aussi essayé de trouver une signification aux sons émis par cette bruyante population. Ils n'eurent pas plus de succès; les abeilles gardaient leur secret.

Ce fut donc un grand moment de la connaissance scientifique apicole lorsqu'en 1927, Von Frisch et ses élèves démontraient par leurs travaux et de façon apparemment indiscutable que le langage des abeilles existait, mais qu'il n'était pas sonore.

La première observation de Karl von Frisch sur les abeilles date de 1919. Au cours d'une séance de dressage, il eut la surprise de voir l'abeille marquée qu'il venait de nourrir à l'extérieur, exécuter sur le rayon une sorte de danse qui semblait intéresser ses compagnes. Il nota que les ouvrières qui avaient suivi la danseuse découvraient rapidement la source de nourriture placée à quelques dizaines de mètres de la ruche.

C'est à partir de cette observation, la plus féconde, qu'il ait faite de toute sa vie que von Frisch a édifié avec ses élèves sa théorie du « langage » des abeilles.

Si l'astre est caché par les nuages, les ouvrières, sensibles au plan de vibration de la lumière polarisée qui émane des parties les plus claires du ciel, sont capables de détecter sa position. Les ultraviolets réfléchis par les fleurs - ainsi que leur parfum - guident les abeilles. Lorsque le temps est couvert ou que les repères manquent, les insectes sont capables de s'orienter suivant le champ magnétique local, qu'elles peuvent capter grâce aux minuscules mais innombrables cristaux de magnétites localisés dans leur abdomen (de même, l'orientation des alvéoles traduit l'influence du champ magnétique).

Il a fallu évidemment démontrer que l'abeille était sensible à la lumière polarisée, et avait un sens de la gravité.

C'est par gestes que les abeilles communiquaient entre elles.

Des danses complexes, répondant à un code bien précis, permettaient aux abeilles butineuses de signaler non seulement la présence plus ou moins proche d'une source de nourriture, mais aussi d'en désigner l'emplacement.

Rien n'est dû au hasard : par exemple de petits essaims s'installent souvent dans les petites ruchettes, on y voit beaucoup plus rarement arrivés les gros essaims qui font l'envie de tout apiculteur, c'est-à-dire qu'on est obligé de penser que les abeilles visiteuses ont parfaitement la notion de la taille de leur collectivité et qu'elles peuvent apprécier un volume (capacité de comparaison), qu'elles peuvent rendre compte à la collectivité du volume à proposer, que celle-ci a la notion de son propre volume et que cette notion va influer sur la décision.

Karl von Frisch

La chorégraphie des laborieuses

Après s'être débarrassée de sa charge, la pourvoyeuse entame une sorte de ronde. Elle se met à trottiner à pas rapides sur le rayon, là où elle se trouve, en cercles étroits, changeant fréquemment les sens de sa rotation, décrivant de la sorte un ou deux arcs de cercle chaque fois, alternativement vers la gauche et vers la droite.

Cette danse se déroule au milieu de la foule des abeilles, et est d'autant plus frappante et attrayante qu'elle est contagieuse. Si l'on regarde attentivement une des ouvrières qui escorte la danseuse, on peut observer qu'elle se prépare à l'envol, fait un brin de toilette, se faufile vers le trou de vol et quitte la ruche.

Dès lors, il ne faut pas longtemps pour que d'autres abeilles viennent s'associer, sur notre table d'expérience, à la première qui l'a découverte. Les nouvelles venues dansent aussi, lorsqu'elles rentrent chargées à la ruche, et plus les danseuses sont nombreuses, plus il y a d'abeilles qui se pressent vers la table.

La relation ne peut-être mise en doute : la danse annonce dans la ruche la découverte d'une riche récolte. Mais comment les abeilles qui en sont averties trouvent-elles l'endroit où il faut aller la chercher ?

Si nous nous arrangeons pour que des abeilles numérotées, appartenant à une ruche d'observation, aillent récolter au voisinage de celle-ci, et qu'au même moment, d'autres bêtes marquées, de la même colonie, remplissent leur jabot à un endroit beaucoup plus éloigné, les rayons de la ruche seront le théâtre d'une scène surprenante : toutes les ouvrières qui butinent près de la ruche exécutent des rondes et toutes celles qui récoltent loin font des danses frétillantes. Dans ce dernier cas, l'abeille court en ligne droite sur une certaine distance, décrit un demi-cercle pour retourner à son point de départ, court de nouveau en ligne droite, décrit un demi-cercle de l'autre côté et cela peut continuer au même endroit pendant plusieurs minutes.

Ce qui distingue surtout cette danse de la ronde, ce sont de rapides oscillations de la pointe de l'abdomen, et elles sont toujours exécutées pendant le trajet en ligne droite (appelées pour cela trajet frétillant). Si l'on éloigne progressivement le ravitaillement qu'on avait placé près de la ruche, on observe que quand il est distant de 50 à 100 mètres, les rondes des pourvoyeuses font place à des danses frétillantes. De même, si l'on rapproche petit à petit celui qui était loin, les danses frétillantes sont remplacées par des rondes lorsqu'on arrive à une distance de 100 à 50 mètres de la ruche.

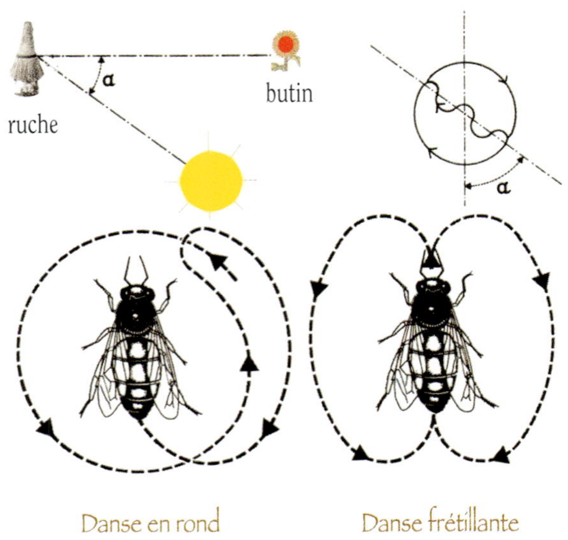

La danse des abeilles ouvrières indique la direction et la distance d'un butin fonction du soleil

Les deux danses représentent deux expressions différentes de la langue des abeilles

L'une indique la proximité d'une récolte, l'autre son éloignement; et, comme on peut le démontrer, c'est bien dans ce sens que les abeilles les interprètent. [...] Il serait de peu d'intérêt pour les abeilles d'apprendre qu'à 2 kilomètres de la ruche, il y a un tilleul en fleur, si ne leur était communiquée en même temps la direction dans laquelle il faut chercher. Et effectivement, la danse frétillante comporte également des indications sous ce rapport. Celles-ci sont données par l'allure de cette danse, et en l'occurrence par la direction de son parcours rectiligne.

Pour faire part de leurs directives, les abeilles recourent à deux méthodes bien distinctes, selon qu'elles exécutent leur danse sur le rayon disposé verticalement dans la ruche - cas le plus fréquent -, ou sur une surface horizontale, par exemple sur la planchette d'envol.

Nous nous souviendrons d'abord du rôle de boussole que joue le soleil. Si, pour voler de la ruche jusqu'au ravitaillement, l'ouvrière a le soleil sous un angle de 40° à gauche et vers l'avant, elle observe ce même angle par rapport au soleil lorsqu'elle danse, et stipule ainsi directement le lieu de la récolte.

Essaim secondaire

En résumé

Lorsque la source est proche :

L'abeille effectue une danse en rond, sans indication de direction. Ses " collègues " iront butiner les fleurs dans les environs immédiats de la ruche, à l'odeur.

Lorsque la source est à plus de 100 m : La danse frétillante comme tous les apiculteurs le savent, la danse prend la forme caractéristique d'un huit parcouru par l'abeille.

Une ligne droite traverse ce huit en son centre. L'abdomen de l'abeille est agité rapidement durant son passage sur cette ligne droite. La direction de la source est donnée par l'angle que fait la partie droite de la danse avec la verticale. Cet angle représente l'angle inscrit entre l'azimut du soleil et la source à butiner. La danse dirigée vers le haut signale qu'il faut aller vers le soleil et vers le bas, dans la direction opposée.

Cette danse permet également d'indiquer précisément la distance séparant la source de la ruche. Plus la vitesse est grande, plus la source est proche.

Ainsi, pour une fleur distante de 100 m, l'abeille effectuera 10 tours en 15 secondes. Pour 500 m : 6t/15s. Pour 5 000 m : 2t/15s. Arrivées sur les lieux, ses congénères trouveront l'endroit exact grâce à l'odeur de la messagère qui correspondait à l'endroit, ainsi qu'à l'échantillon de nectar qu'elle leur a donné.

Les abeilles utilisent également le langage de la danse pour indiquer les emplacements d'eau, de propolis et les emplacements favorables pour un nouveau nid (pendant l'essaimage). Dans ce dernier cas, un intérêt particulier s'attache aux danses des " éclaireuses " qui ont été en quête d'une demeure et donnent alors connaissance à un essaim de la situation d'un endroit ou s'installer.

L'essaimage ou à la recherche de la terre promise

Avant de parler plus amplement de l'essaimage proprement dit, reprenons une phrase de Maurice Maeterlinck, décrivant l'approche de l'essaimage de la ruche : «Jamais la ruche n'est plus belle qu'à la veille de la renonciation héroïque. C'est pour elle l'heure sans égale, animée, un peu fébrile, et cependant sereine de l'abondance et de l'allégresse plénière».

L'essaimage, c'est en effet l'instant héroïque auquel une certaine quantité d'abeilles se réunissent et quittant la ruche qui les a vues naître, vont chercher une nouvelle habitation, un nouveau territoire, en somme, la terre promise. C'est la fièvre de l'essaimage comme disent les apiculteurs.

Essaim de mai,
Vaut vache à lait
Essaim de juin,
Vaut botte de foin.

D'abord, c'est vers le début du mois de juin, ou à la fin du mois de mai que la ponte de la reine atteint son maximum, et comme le disait Maeterlinck, « jamais la ruche n'est aussi belle ». Le nectar toujours abondant afflue dans la ruche, aussi les populations ont grandi dans de telles proportions que leurs habitations deviennent trop étroites; elles sont alors obligées de partir pour se créer ailleurs une nouvelle famille, une nouvelle patrie…

C'est-à-dire qu'une partie des abeilles ouvrières et des mâles sortent de la ruche avec la vieille reine pour aller fonder une nouvelle colonie, c'est l'essaimage dit naturel. Il y aura aux côtés de la reine des nourrices, des ménagères et des butineuses, ainsi toutes les tâches seront assurées dans leur nouveau royaume.

Avant l'essaimage, il y a des signes précurseurs.

Les abeilles se groupent à l'entrée de la ruche, en formant une masse allongée et font « la barbe » pendant les jours qui précèdent la sortie, le bourdonnement des abeilles à l'intérieur de la ruche devient plus bruyant et l'on note une certaine agitation.

La fameuse danse des abeilles qui fut découverte par le savant allemand Karl Von Frisch dans les années vingt. C'est par ses curieuses figures nommées « la danse en rond » et « la danse frétillante » que l'abeille informe ses congénères de l'emplacement des sources de nourriture, de propolis, d'eau ou des sites de nidification lors de l'essaimage.

La cohésion d'une colonie d'abeilles est basée sur la communication, ou la capacité d'émettre et de recevoir des messages de différentes façons.

Les abeilles sont de véritables usines à phéromones, qui émettent des signaux odorants d'une précision étonnante. En particulier la reine, qui par ce biais régularise la vie sociale de la ruche.

Grâce à ses secrétions volatiles, la matriarche stérilise ses filles, tout en maintenant une cour fébrile autour d'elle.

Magie d'un essaim

C'est par un inaltérable midi des premiers jours de mai, où l'air est calme et ardent, où le ciel déverse sa lumière des hauteurs bleues d'azur que l'on a le plus de chance de voir se suspendre aux rameaux feuillus d'un jardin, un superbe essaim nouveau d'abeilles.

Tantôt, dans une demi-heure, ou dans un instant, l'essaim dispersé suspendra sa grappe pesante et noire à la branche d'un poirier, d'un cerisier, d'un peuplier frissonnant ou bien encore il s'étalera au long d'un tronc, comme une écorce épaisse et vivante.

L'essaim accroché à la branche qu'il fait plier et courber jusqu'à toucher le sol, à l'air d'un beau fruit mûr, prêt à se détacher.

L'apiculteur, prévenu de l'aubaine, interviendra pour recueillir et loger le petit peuple des abeilles dans sa nouvelle citadelle.

Enfin, l'apiculteur déverse l'urne bourdonnante, sur le sol, comme un liquide épais, le flot bouillonnant des abeilles.

Peu à peu, la nappe veloutée s'anime, tandis qu'une poussière blonde s'élève dans la lumière, comme balayée par un souffle violent.

Avec l'entrée des premières abeilles dans l'immense demeure inconnue, la Reine y passe à son tour, c'est le signal. La procession bruyante, hérissée de milliers d'ailes, se hâte vers le sombre logis par colonnes serrées comme un ruban doré, jusqu'à ce que le bruit tombe et que les premières butineuses vacillantes se hâtent déjà à la chaîne du labeur vers les calices pour y puiser l'âme des fleurs.

L'essaimage est une attitude naturelle chez l'abeille

Il permet d'assurer la pérennité de l'espèce.

Deux types d'essaims

1) L'essaim naturel qui part d'une colonie, division de celle-ci (ruche ou colonie sauvage).

2) L'essaim artificiel créé par l'apiculteur par division d'une colonie en plusieurs unités obligeant les parties orphelines (sans reine) à élever leur souveraine.

Si l'essaimage est une occasion pour l'apiculture traditionnelle, lui permettant de renouveler ou d'augmenter le nombre de colonies, c'est une calamité qui véhicule des maladies dans les ruchers et un souci constant pour l'apiculture de production car une colonie qui a essaimé ne produit pas de miel car la population étant réduite de moitié, elle œuvre à reconstituer son effectif et ses provisions pour la saison suivante.

Généralement une colonie essaime une fois par an (sauf une jeune reine), parfois deux et exceptionnellement plus

A chaque essaimage, la colonie se divise en deux.

Un essaim d'abeilles ne se crée pas tout seul. La seule possibilité est qu'il vienne d'une ruche voisine. Cette ruche peut-être une vraie ruche d'apiculteur ou un essaim sauvage (il n'y a pas de différence entre les abeilles élevées par un apiculteur et celle d'un essaim sauvage) qui loge dans une cheminée, un tronc d'arbre.

Une ruche qui compte en pleine saison 60 000 individus (6 kg –10 000 abeilles au kg), 25 000 à 30 000 vont quitter la ruche. Les mâles étant les moins nombreux à la conquête de la terre promise.

Le premier est un essaim impressionnant

Avant de quitter la ruche, les abeilles ouvrières (de tous âges) ont rempli leur jabot de miel. La provision ainsi constituée leur assure quelques jours d'autonomie et l'énergie pour la confection des futurs rayons de cire. Physiologiquement, le jabot distendu, la majorité des abeilles sont presque incapables de contracter leur abdomen et donc de piquer.

Un essaim échappé le jour même est impressionnant mais assez calme, par contre un essaim du deuxième jour, ou du troisième jour est nerveux, et le ventre vide.

Pendant ce temps, dans l'ancien nid, les jeunes reines sortent de leurs alvéoles et s'entre-tuent à coups d'aiguillons. Celle qui reste va, quelques jours plus tard, effectuer son vol nuptial jusqu'au lieu de regroupement des mâles et s'accoupler, à terre, avec six à douze d'entre eux.

Des ouvrières empêchent la vieille reine de tuer les reines filles, tandis que d'autres, gorgées de miel, se massent en grappe et l'entraînent à l'extérieur du nid : cette grappe, qui prend son vol en bloc, est un essaim.

Les voyageuses marquent bientôt une halte sur une branche ou sur une souche, se serrant les unes contre les autres, tandis que quelques ouvrières partent en éclaireuses à la recherche d'un nouveau site. Lorsqu'elles ont fait leur choix, l'essaim se met en route.

Quand le moment est venu, par exemple, si la ruche est trop pleine, la reine s'arrête de pondre et les abeilles en élèvent une nouvelle.

Quand la naissance de la jeune reine est proche et que le moment est favorable, la moitié de la colonie part, accompagnée par l'ancienne reine.

Le nouvel essaim ainsi formé, s'éloigne et s'installe a un endroit qui lui paraît favorable.

Le premier essaim que l'on nomme (primaire) émigre entre 11 heures et 14 heures par temps calme et chaud avec la reine mère. Celle-ci étant alourdie par son abdomen prêt à pondre, fait que cet essaim ne s'éloigne guère et se loge à basse altitude.

S'il y en a un deuxième (secondaire), ce dernier part cette fois avec une jeune reine vierge, donc légère.

Cet essaim a donc tendance à partir vers de nouveaux horizons, et se pose à haute altitude; souvent perdu par l'apiculteur.

Souvent, on constate également la sortie d'un troisième essaim (petit mais vigoureux, dit tertiaire). C'est un essaim très instable, se loge fréquemment hors de portée à sa récupération.

Essaim artificiel

Pour être certain de ne pas perdre d'essaims, l'apiculteur pratique l'essaimage artificiel par tapotement sur la ruche pleine d'abeilles. Le tapotement sur la ruche inférieure renversée pour l'occasion fait fuir la reine qui se réfugie dans le panier ou caisse en tamis vide du dessus, suivie par de nombreuses ouvrières. Lorsque l'apiculteur juge l'essaim artificiel assez sérieux (1,5 kg à 2 kg - 15 000 à 20 000 abeilles), il sépare les 2 ruches.

Coutumes, légendes, superstitions et traditions populaires en apiculture

Reproduction Opida

« Heureux celui qui a pu pénétrer
les choses secrètes des choses »

Vers de VIRGILE (géorgiques, II, 489)

Au cours des siècles, la pratique de l'apiculture a eu ses coutumes et ses traditions. Par coutumes, il faut entendre ici des manières d'agir établies par l'usage de cérémonies, fêtes et traditions calendaires, superstitions et, bien entendu, les récits légendaires.

Parmi les traditions populaires, on distinguera non seulement celles qui accompagnaient la célébration du culte, comme celui de la fête patronale; Saint Ambroise, pour les apiculteurs. On retiendra aussi des manifestations plus simples et plus discrètes comme la bénédiction des ruches pour écarter les maladies, etc... les baptêmes d'installation de nouvelles ruches...

Au titre de ces coutumes, il faut ajouter les assemblées, marchés et foires. Ces marchés et foires faisaient l'objet de péages pour l'emplacement des marchands apiculteurs ambulants et d'un contrôle des poids et mesures.

Chaque bourg possédait alors son marché et ses halles, sa fête annuelle ou assemblée coïncidait la plupart du temps avec la foire municipale du pays. Les apiculteurs profitaient d'ailleurs de ces rencontres pour échanger des propos, des techniques, voire sans doute même des secrets.

Si les coutumes et les traditions étaient coutumières dans le passé, les superstitions et croyances n'avaient pas moins d'importance. Autrefois, on avait également un grand respect pour les abeilles. Ainsi à la campagne comme avec les bœufs, on allait annoncer aux abeilles le décès du maître de la moisson et on leur faisait porter le deuil en accrochant un crêpe noir sur chacune des ruches composant le rucher durant quarante jours.

Pour prévenir les bonnes ouvrières du drame qui frappe le rucher, on devait frapper trois coups sur chaque ruche en disant : «Votre maître est mort, votre maître est mort, un autre tout aussi bon vous aimera tout autant».

Les abeilles sont les amies de la famille, et participent à ses joies et à ses chagrins. Quand il meurt quelqu'un dans une maison, on leur fait porter le deuil en attachant un morceau de crêpe à la ruche. S'il survient, au contraire, un mariage ou un baptême, on y attache un ruban rouge. Il est défendu de mal parler ou de jurer autour des ruches. La reine, que de tout temps les paysans ont nommée la mère, périrait immédiatement.

On avait aussi coutume de croire que les abeilles faisaient partie de la famille. Il ne fallait jamais oublier de les avertir du décès du maître, sinon elles dépérissaient de chagrin dans les quarante-huit heures et ne tardaient pas à s'envoler et d'essaimer un autre rucher à la recherche d'une famille plus respectueuse.

La naissance d'un enfant, c'était également l'occasion d'accrocher un ruban aux ruches. Ce dernier était bleu ou rose selon le sexe du nouveau-né.

Il en était de même pour un mariage et le ruban accroché aux ruches était blanc. Toutefois, on avertissait aussi les abeilles de cette joyeuse nouvelle en déposant devant les ruches une fleur blanche ou bleue, voire même un gros bouquet.

Il ne faut point vendre les abeilles, mais les échanger ou les donner. Celles qui sont volées ne profitent pas au voleur. Ces insectes n'aiment pas entendre jurer, et ils punissent à coups d'aiguillons celui qu'ils entendent blasphémer.

Si l'apiculteur prenait grand soin de ses abeilles en leur parlant comme on bavarde avec un ami tout en les enfumant, il cultivait aussi le paradoxe lorsqu'il s'agissait de les - rogner - c'est-à-dire de leur enlever leur miel, car pour cela, il n'hésitait pas à asphyxier celles à qui il confiait quelques minutes auparavant, ses joies et ses malheurs.

Ajoutons qu'il était de coutume d'enfumer les abeilles avec des gâteaux de bouses de vache appelées des «couânes» qu'on avait amassées puis séchées au soleil en laquant les gâteaux contre les murs.

Les traditions, les coutumes et superstitions reçoivent la plupart du temps des interprétations diverses qui tantôt se complètent, tantôt se contredisent, c'est le cas des dictons et des proverbes.

Ainsi, on dit : « tel père, tel fils », « à père avare, fils prodigue ».

Avant de poursuivre plus amplement sur les coutumes et les traditions des hommes, il serait bon de rappeler un comportement coutumier dans l'organisation extérieure du peuple des abeilles en ce qui concerne son urbanisation.

Les légendes

Ainsi, selon la tradition pratiquement invariable depuis de nombreux siècles, que la ruche soit verticale ou horizontale, les abeilles (api-mellifica) logent leur provision de miel à l'extrémité de leur domicile la plus éloignée de leur domicile. La raison serait d'éloigner de l'entrée, les provisions de sorte que tout animal qui tenterait de s'y introduire de force dans le but de piller les magasins de vivres ne saurait y parvenir qu'en traversant toute la ruche et en passant sur la masse de la colonie prête à combattre farouchement pour la défense de la citadelle.

Dans l'Antiquité et le Moyen-Âge, les légendes étaient très communes. Ces récits populaires basés le plus souvent sur des faits historiques et précis ne tardèrent pas à développer et à s'embellir. « La légende est un conte où l'action merveilleuse se situe avec exactitude : les personnages sont précis et définis ».

Parmi les légendes en apiculture, l'une d'elles assurait que les abeilles savaient travailler le métal. Leur lime dans la bouche, serrée par les deux pinces de chitine, elles entamaient le métal.

Une légende assure que dans un lointain passé, on prétendait en Cévennes que les abeilles étaient des étoiles qui logeaient dans des troncs d'arbres vides et montaient au ciel sitôt la nuit tombante. La légende ajoute encore que les apiculteurs qui avaient le pouvoir de prendre dans leurs mains un essaim étaient admirés mais le plus souvent considérés comme des sorciers. Aussi, on n'entrait jamais dans un rucher qu'après s'être signé.

On portait beaucoup de respect à l'abeille à tel point que jadis on ne disait pas d'une abeille qu'elle était crevée, mais qu'elle était morte. C'est une expression encore utilisée aujourd'hui.

La légende d'Aristée :

Pour les Grecs, tous les phénomènes de la nature étaient d'origine divine. Les abeilles exerçaient une véritable fascination et leur origine mystérieuse s'inspire de la légende d'Aristée :

Aristée, fils du dieu Apollon, possédait un rucher. Mais il voulut séduire Eurydice, l'épouse d'Orphée, et celle-ci, en échappant à ses avances, mourut d'une morsure de serpent. Orphée pour se venger détruisit le rucher d'Aristée.

Pour calmer la colère des Dieux courroucés par sa faute, Aristée sacrifia quatre taureaux et quatre génisses. De leurs entrailles surgirent de nouveaux essaims grâce auxquels Aristée reconstitua son rucher et put enseigner l'apiculture aux hommes. Cette légende est racontée par Virgile, le grand poète latin, dans les célèbres Géorgiques. Tout comme les Grecs anciens, il pensait que les abeilles naissaient spontanément de cadavres d'animaux.

Naissance divine d'Orion

Hyrieus, roi de Béotie (dont le nom signifie " essaim ") et sa compagne la Pléiade Alcyoné ne peuvent avoir d'enfants.

Hyrieus immole en l'honneur des dieux, un taureau dont il enfouit la peau sous terre Zeus, Poséidon et Hermès, touchés, accèdent à son désir et lui fabrique un fils.

Ils répandent leur semence sur la dépouille ensevelie et de là naît le Géant Orion.

Samson (ancien testament, livre des Juges au chapitre 14).

Samson tue un lion à main nue qui s'était jeté sur lui.

Quelque temps après, il fit un détour et vit la carcasse du lion dans laquelle se trouvait un essaim et du miel.

Ce qui donna à Samson, l'énigme suivante : De celui qui mange est sorti ce qui se mange, et du fort est sorti le doux.

Gravure sur bois du XVIe siècle — reproduction Opida

Les croyances et superstitions en apiculture

Les croyances et les superstitions ont toujours existé depuis les temps les plus reculés. Dans les campagnes, la superstition joue un rôle prépondérant ; elle se glisse dans tous les usages tant dans la bourgeoisie que dans le peuple, à la ville comme au hameau et les adeptes étaient aussi fervents que simples. La France qui fût mêlée à de nombreuses invasions traversa également des épidémies de croyances et superstitions populaires importées par les barbares.

La superstition est aujourd'hui presque disparue ; mais, dans certains pays, on croit encore aux présages, aux lieux hantés. Comme le disait un auteur sur les traditions et croyances populaires : *« la superstition est une maladie de l'esprit : elle opprime les malheureux qui se livrent à ses pratiques. C'est en effet, une vie bien misérable que celle de l'homme qui croit aux sorciers ; qui n'ose passer tel jour ou à telle heure en certains endroits ; qui craint de demeurer dans une société de treize convives, etc... »*.

Ouvrières de la ruche, les abeilles sont le symbole d'une communauté industrieuse et prospère gouvernée par la reine. D'où, leur symbolisme royal et impérial, en France et dans l'ancienne Egypte associée au Dieu solaire, Râ. Trois cents abeilles d'or furent découvertes dans le tombeau de Childéric 1er (an 481), témoignant que la ruche était le modèle de la monarchie absolue. Napoléon 1er souhaitait que l'abeille soit un motif omniprésent, sur ses tapis comme sur son manteau de sacre.

La plupart de ces croyances ont leur origine dans l'Antiquité et il est presque impossible de les citer toutes. Quelques-unes néanmoins subsistent encore dans quelques contrées de France.

- Le miel apporterait des succès dans les affaires, des plaisirs et de la prospérité dans le ménage.

- L'abeille a une grande place au sein des coutumes et des croyances populaires. Elle prédit des troubles et de l'agitation : le miel et la cire annoncent des maladies et des malheurs.

- Par contre, rêver que l'on donne la chasse à des essaims d'abeilles est un bon présage et encore plus si l'on réussit à les capturer.

Telles sont les abeilles : elles s'attachent aux maisons respectables, encore faut-il les ménager constamment. Elles s'en vont si l'on compte leurs ruches, si l'on en vend (il faut les échanger), si on prononce des paroles désobligeantes devant elles. Si l'on jure, si on laisse approcher une femme de mauvaise vie, elles jouent aussitôt de leur terrible aiguillon.

- Les apiculteurs connaissent tous le sphinx, tête de mort, qui est considéré comme un ennemi des abeilles. Une croyance assure que la tête de mort qu'il porte sur le thorax sert à épouvanter les abeilles.

- Dans le baptême d'une ruche, le curé en murmurant les prières, jette le sel purificateur sur la ruche et l'asperge d'eau bénite, afin qu'elle produise en abondance la cire pour la chande leur.

- Pour préserver son toit, il suffit d'allumer un cierge de cire d'abeilles de la chandeleur.

- Pour que l'abeille ne pique pas, il faut dire :

Que cette bête devienne douce
Comme le lait de la bienheureuse
Vierge Marie
Dans la bouche
De notre Seigneur Jésus-Christ.

Ou encore :

Abeille, abeille, abeille
Arrête ton aiguillon
Comme la Sainte Vierge
Arrête son enfant.

Chez les peuples dits primitifs, on trouve bien des coutumes ayant aussi pour base la croyance au pouvoir bénéfique des arbres, des plantes et des animaux.

- Pour être à l'abri de tout danger durant le combat, une peuplade d'indiens cherokees plaçait leur famille dans les arbres à côté de ruches sauvages.

- On assure qu'un hérisson qui se trouve à proximité d'une étable empêcherait les vaches de vêler. Mais, le hérisson est également l'ennemi des abeilles, c'est pour cette raison qu'il est considéré comme maléfique au sud de la Loire, où on lui fait rarement grâce de la vie.

- Une croyance dit que les insectes et les étoiles sont des âmes des morts visitant les uns la terre, et les autres, le ciel. C'est pourquoi, on doit se garder d'écraser une abeille.

- Pour perdre du poids ou pour en faire perdre à quelqu'un, on fait brûler un nombre impair de cierges en cire d'abeilles au cours d'une messe dite à rebours, c'est-à-dire célébrée à l'envers.

- Une main de gloire avait la propriété de rendre invisible celui qui la portait et de clouer sur place ceux qui la regardaient. Pour fabriquer une main de gloire, on utilise de la graisse humaine et de la cire d'abeilles vierge.

- Le sirop de miel fait repousser les poumons même quand il n'en reste qu'un tout petit morceau.

- Une cuillerée de miel prise chaque matin rend les vieilles filles douces et fait vivre mieux.

MATHUSALEM, patriarche, fils d'EROCHE, grand-père de NOE, passe pour avoir vécu neuf cent soixante-neuf ans.

Quand les guérisseurs et les toucheurs rivalisent avec les saints

Il y a encore une centaine d'années, les guérisseurs et les possesseurs de secrets étaient en grands nombres un peu partout en France, dans les campagnes principalement. Ces guérisseurs appelés aussi « panseux de secrets » opéraient leurs guérisons au nom d'un saint, voire de Dieu lui-même et parfois du diable. Ils employaient des onguents prétendus magiques, des formules secrètes. Ils intervenaient souvent auprès des apiculteurs lorsque des ruchers étaient atteints par la maladie. Le guérisseur prononçait des paroles secrètes accompagnées de signes cabalistiques.

Aux signes et aux paroles s'ajoutaient des médicaments farfelus pour soigner des ruches malades et cela augmentait les petits bénéfices du guérisseur. Quant aux paroles, également dépourvues de raisonnement consistaient à répéter des formules toutes faites… (cf. : superstitions).

Enfin, tous ces guérisseurs ou toucheurs (ces derniers guérissaient en touchant) possédaient en plus du pouvoir de guérir des maladies, celui de barrer le mal, c'est-à-dire de barrer la maladie d'une ruche afin d'éviter qu'elle ne se propage dans le rucher tout entier.

Dans ces croyances superstitieuses, il nous faut ajouter les remèdes populaires délivrés par des charlatans, puis ceux qui sont inventés par les apiculteurs eux-mêmes, plus réalistes. Outre les remèdes, les guérisseurs et toucheurs, on faisait également appel aux saints. On invoquait leur pouvoir et rien d'autre. Les saints invoqués étaient en bois ou en plâtre. Certains de ces saints faisaient l'objet de pèlerinage. S'ils étaient invoqués pour barrer les épidémies, on s'adressait aussi à eux pour obtenir la pluie, le soleil, etc...

D'après P. DELPECH, quatre grands saints auraient été mêlés à la vie des abeilles : Saint VALENTIN, vers 273, évêque de Terni, martyrisés vers 273.

Saint AMBROISE, patron des apiculteurs, qui aurait vécu durant les années 339 et 396, et fut évêque de Milan (il se fête le 7 Décembre). Pour écarter un orage menaçant, l'apiculteur faisait appel à deux saints : Saint BARBE et Saint AMBROISE, patron des apiculteurs.

Pour guérir les maux et pour que la journée soit belle : une cuillerée de miel et une volée de corbeaux…

- Pour guérir les maux d'yeux, se laver les yeux avec de l'eau dans laquelle on aura délayé une cuillerée de miel.

- Frotter des verrues avec du miel.

- Maux de ventre y compris estomac, on prend une cuillère de pollen mélangée à du miel et du lait, on délayera le tout et on l'avalera le matin à jeun.

À toutes ces prédictions, il faut également ajouter les pronostics ayant un rapport indirect avec l'apiculture, mais auxquels les apiculteurs y apportaient une grande attention…

Quand les étoiles pâlissent pendant l'été, le ciel étant d'ailleurs sans nuages, un orage n'est pas loin.

Quand les étoiles paraissent plus grandes que de coutume, le temps doit changer.

Les éclairs à l'horizon le soir, sur un ciel sans nuages, annoncent le beau temps. Ces éclairs qu'on dit très improprement des «exhalaisons» ou des éclairs « de chaleur » parce qu'on les serve seulement pendant les jours les plus chauds de l'été ne sont que des reflets d'orages souvent éloignés, dont les masses nuageuses sont au-dessous de l'horizon. Chacun de ces éclairs a produit un coup de tonnerre, mais trop loin de l'observateur pour que le bruit ait pu parvenir à son oreille.

Les éclairs en hiver annoncent la neige et la tempête.

Un cercle autour du soleil ou de la lune annonce, selon la saison, la pluie ou la neige.

En hiver, quand la gelée commence avec le vent du nord-est, elle doit durer longtemps, et le froid va être très rigoureux.

Quand le printemps est humide, l'été doit être pluvieux et suivi d'un bel automne.

L'hiver pluvieux présage un printemps sec et un hiver sec annonce un printemps humide.

Dans la campagne, quand les volées de corbeaux crient fort et longtemps, le matin, la journée sera belle.

Si les crapauds sortent le soir en grand nombre de leurs trous, si les vers de terre apparaissent à la surface du sol, etc... c'est ordinairement un signe de pluie. Toutes ces prédictions météorologiques, empiriques et naturelles s'ajoutent aux dictons. Aussi, avoir sa saison à sa guise était le rêve de tous les travailleurs de la terre.

Mais, ajoute l'auteur, les dictons qui condensent les observations accumulées pendant des siècles par les ancêtres, permettent de prévoir le temps et de l'interpréter. Ces deux notions ne se recouvrent pas tout à fait.

JANVIER :

- Quand il tonne en Janvier,
L'hiver est avorté.
- Si les abeilles dansent en Janvier,
Grand foin dans ton grenier.

FEVRIER :

- Moitié foin,
Moitié grenier
- Pluie en Février,
Remplit le grenier.

MARS :

- Si Mars est pluvieux,
L'an sera mielleux
- Si Mars est sec et beau,
C'est miel à plein tonneaux.

AVRIL :

- Fleur d'Avril,
Tient par un fil
Avril fait la fleur,
mal en a l'honneur

MAI :

- Essaim de Mai,
Vaut vache à lait.
- Du mois de Mai la chaleur,
de l'année fait la valeur.

JUIN :

- Temps trop humide en Juin,
Aux paysans est gros chagrin.
- Juin froid et pluvieux,
Tout l'an sera riche.

JUILLET:

- Septembre ne le fera pas non plus
- Jamais sècheresse
n'amène sècheresse.

AOUT :

- Il pleut miel et bon moût
- Pluie d'Août
Tout huile, tout moût.
le mal de l'Automne.

SEPTEMBRE :

- En Septembre, si l'osier fleurit,
Le raisin mûrit.
- Septembre se nomme,

OCTOBRE :

- Octobre vaillant,
fatigue de son paysan.
- Gelée d'Octobre,
Rend le paysan sobre.

NOVEMBRE :

- Un mois avant, un mois après : Noël,
Le froid est bon et naturel.
- L'automne,
A tout peu donne.

DECEMBRE :

- Quand Saint Ambroise voit neiger
de dix-huit jours de froid, il y a danger
- Décembre de froid trop chiche,
Ne fait pas l'apiculteur riche.

Parmi les saints célèbres connus dans le milieu agricole, retenons aussi Saint Jean Chrysostome (347-407), appelé également « bouche d'or » qui fut l'un des pères de l'église, patriarche de Constantinople, persécuté par l'Impératrice EUDOXIE. Il est célèbre pour son éloquence : fêté le 27 Janvier.

Enfin, Sainte Rita (1383-1457). A propos de cette Sainte, P. DELPECH nous brosse une légende concernant la bienheureuse, selon laquelle, alors qu'elle était encore enfant, un essaim d'abeilles blanches se serait un jour enruché dans sa bouche pour y déposer du miel sans piquer la jeune fillette.

La légende ajoute également selon P. DELPECH, qu'au terme de la vie de la Sainte, le jour de sa mort, des abeilles noires avec des reflets rouges sur le dos, sans aiguillon ni antenne, vinrent assister à l'enterrement de la bienheureuse Sainte Rita.

Parmi les croyances, notons tout d'abord les pronostics concernant l'agriculture en général.

L'observation et l'expérience ont permis de reconnaître un certain nombre de pronostics sur le temps, ses modifications journalières et la marche générale des mois et des saisons. Autant, il serait ridicule d'accorder à ces pronostics et dictons une confiance aveugle, autant il serait absurde de les dédaigner entièrement.

Ces réserves posées, voici une liste de pronostics proverbiaux dont les apiculteurs avaient coutumes de considérer, sinon de croire.

Si les abeilles essaiment beaucoup, l'année sera bonne.

Après la Saint Laurent (10 août), les abeilles n'essaiment plus.

Durant toute la belle saison, si l'on voit des abeilles par beau temps rester chez elles ou ne s'éloigner qu'à peu de distance de la ruche, c'est le présage d'un orage prochain. Quand elles se rassemblent avant le coucher du soleil et forment une colonne en tourbillonnant, elles annoncent le beau temps.

C'est un signe de pluie lorsque les abeilles s'écartent peu de leur ruche et rentrent en foule avant la nuit sans être chargées de nectar ou de pollen. Elles sont également méchantes et attaquent ceux qui les approchent.

Coutumes et croyances

Le cierge de cire d'abeille bénit le jour de la chandeleur, chasse les ennuis domestiques. Au pays Basque, une femme veuve depuis moins d'un an, lorsqu'elle se rend à la messe, pose sur la chaise à côté d'elle une tracine allumée. Cette tracine qu'elle a confectionnée elle-même, se compose d'un fil de lin à sept brins, enduit de cire d'abeilles et roulé sur lui-même en quatorze spirales.

Fabriquées en janvier, les tracines sont bénies à la chandeleur.

Une légende affirmait que dans le passé, il y avait deux espèces de roi dans une colonie d'abeilles. Ainsi rapporte VIRGILE : « L'un qui était le meilleur et beau, ayant le corps marqué de taches de couleur or; l'autre, qui était fort laid, avait le ventre large et une démarche pesante, qui dénotait qu'il était paresseux». On devinera ici, la silhouette de la reine mère.

La récupération d'un essaim

La récupération d'un essaim, soit pour soi-même, soit pour la vente, est un plaisir pour l'apiculteur digne de son nom. Aussi, ce dernier doit-il surveiller attentivement le départ de l'essaim; c'est ce que l'on nomme « l'essaimage ».

C'est habituellement de 10 heures à 15 heures par un beau soleil, que le jeune essaim se décide à partir sous la conduite de la vieille reine et c'est là une tradition quasi immuable en ce qui concerne l'essaim dit « primaire » car s'il y a d'autres essaims issus de la souche, les reines « vierges » seront très jeunes.

Quelques personnes prétendent que si au moment où l'essaim se rassemble en l'air et se prépare à partir, on se hâte de frotter quelques arbres ou quelques murs avec un citron, l'essaim vient immédiatement se fixer dans cet endroit.

On connaît l'usage généralement répandu de suivre un essaim en vol, en frappant sur des chaudrons à tour de bras et en criant : « Assis belles, assis mignonnes, ou d'autres paroles tout aussi flatteuses ». Il parait que ce bruit et ces compliments exercent une grande influence sur la détermination des abeilles. Néanmoins, reconnaissons que cette légende est date de plusieurs millénaires.

On tenta de comprendre le comportement des abeilles et les rapports pouvant exister entre la musique et la coutume de frapper sur des poêlons et casseroles pour faire poser l'essaim. D'aucuns ont alors prétendu que l'abeille était dépourvue du sens de l'ouïe et que, par conséquent, l'assourdissant tintamarre des chaudrons lui était parfaitement indifférent.

Au printemps, pour débarrasser les ruches de papillons, quand les mauves mûrissent pendant la nuit sereine et que la lune est en conjonction, on place devant les ruches des flambeaux allumés et les papillons se précipitent dans les flammes.

Toujours à propos de l'abeille, une croyance assure que les Abeilles ne s'attachent à une maison que si son propriétaire est un bon-chrétien, qu'il a une bonne réputation et qu'il les associe aux évènements heureux ou malheureux de sa famille.

Disposés sur leur ruche, au moment de Pâques, un petit morceau de voile de mariée, une dragée de baptême ou deux brins de paille en forme de croix constituent des attentions auxquelles les abeilles sont sensibles.

Si, à la mort du maître de maison, on ne voile pas les ruches d'un crèpe noir, les abeilles vont porter ailleurs leur chagrin et leur miel. Mais rien n'empêche les ouvrières de partir aussi, si l'héritier du domaine a mauvaise réputation.

Pour attirer les essaims, selon la croyance, on fait se poser chez soi un essaim, en menant grand tapage de casseroles et chaudrons ou en jetant sur l'essaim une volée de sable.

Mais sur le toit des ruches encore vides, il ne faut pas manquer de placer, en croix, deux brins de paille, que le vent seul, ensuite, pourra toucher.

Ces insectes, à la moralité tatillonne, répugnent absolument à s'établir en Irlande, et même sur un lopin de terre que l'on aurait fait venir de là-bas.

Dans certains pays, comme en Russie, on ne tue jamais une abeille qui peut-être l'âme d'un corps qui monte au ciel. Si cela arrive, on s'en excuse auprès de Dieu « car la noblesse des abeilles vient du paradis, et c'est à cause des péchés de l'homme qu'elles en sont parties ».

La récolte du miel par les abeilles butineuses est plus riche dans la pleine lune .

Cultiver des fleurs bleues dans son jardin apporte la quiétude et attire les abeilles. De plus, c'est une couleur qui préserve les enfants des maladies de poitrine.

Pour obtenir la guérison d'un malade, on allume trois cierges de cire d'abeilles.

De tout temps les abeilles ont fourni des descriptions, des comparaisons, des allégories, des fables, à la poésie. La fameuse fable des abeilles de Mandeville fit un grand bruit en Angleterre ; en voici un petit précis:

Les abeilles autrefois
Parurent bien gouvernée.
Et leurs travaux et leurs rois
Les rendirent fortunées.
Quelques avides bourdons
Dans les ruches se glissèrent :
Ces bourdons ne travaillèrent,
Mais ils firent des sermons.
« Nous vous promettons le ciel ;
Accordez-nous en partage
Votre cire et votre miel. »
Les abeilles qui les crurent
Sentirent bientôt la faim ;
Les plus sottes en moururent.
Le roi d'un nouvel essaim
Les secourut à la fin.
Tous les esprits s'éclairèrent ;
Ils sont tous désabusés ;
Les bourdons sont écrasés,
Et les abeilles prospèrent.

Dictons et proverbes

Abeille forcée ne fait pas bon miel

La bonne abeille ne se pose pas sur une fleur fanée

La douceur du miel ne console pas de la piqûre de l'abeille

La reine des abeilles n'a pas d'aiguillon

Si tu aimes le miel ne crains pas les abeilles

Suivez les abeilles et vous mangerez le miel

Une poignée d'abeilles vaut mieux qu'un sac de mouches.

Au surplus, je préférerai toujours une abeille à une sauterelle.

Les avares subissent le sort des abeilles :
ils travaillent comme s'ils devaient vivre éternellement.

Abeilles sans reine, ruche perdue.

Le jour de la Saint-Firmin on attrape les abeilles à la main

Les abeilles piquent seulement ceux qui ne sont pas purs.

Un dicton que les apiculteurs disent souvent est que s'il n'y a plus d'abeille c'est que la fin de l'humanité est proche.

La souffrance enfante les songes comme une ruche ses abeilles

Ce qui m'a charmé dans les essaims qui sortent de la ruche,
c'est qu'ils sont beaucoup plus doux que nos enfants
qui sortent du collège.

Papillon de teigne

Les maladies des abeilles

Verroas sur mâles

L'étude des ennemis des abeilles présente un grand intérêt, à un double point de vue. Elle donne à l'apiculteur les moyens d'apprécier les dégâts et nuisances dont peuvent causer dans les ruches, les animaux et maladies qu'on a coutume de qualifier d'ennemis des abeilles et lui indiquera les moyens de les détruire.

Loque américaine

L'agent en cause c'est le Bacillus larvae. Il est extrêmement difficile à détruire sous sa forme résistance - spore - qui joue un rôle primordial dans la maladie.

Une odeur caractéristique se dégage à l'entrée de la ruche, du type colle forte pour menuisiers. Aspect anormal des opercules, consistance visqueuse des larves

Loque européenne

Cette maladie des abeilles est l'une des cinq maladies des abeilles réputées contagieuses. L'agent causal est Streptococcus pluton.qui serait associé à diverses bactéries “ secondaires ”.

Les anomalies des opercules, identiques à celles que l'on voit pour la Loque américaine.

Couvain sacciforme

Ou Sakbrut en Allemagne et Sacbrood pour les Anglo-saxons est une maladie contagieuse provoquée par un virus Morator acetuae.

L'ascophaerose (pericystismycose), ou couvain plâtré.

Est en progression. Cette maladie n'est pas aussi alarmenteque celui des Loques ou de l'Acariose.

La varroase

Venu des pays d'Asie il y a quelques années:

Le varroa est un acarien parasite des abeilles.

Il se reproduit dans les rayons de la ruche aux dépens du couvain et l'adulte se fixe sur les abeilles, les pique et les affaiblit au point de les tuer. À tous les stades de leur développement.

L'acariose

Intra trachéenne est provoquée par un acarien, l'Acarapis woodi, qui parasite la trachée des abeilles. C'est l'une des 5 maladies des abeilles réputées contagieuses

Les ennemis des abeilles

Les mammifères

Les souris, les mulots et les loirs

Ils cherchent à hiberner dans la ruche où, ils trouvent un abri, de la nourriture et de la chaleur produites par les abeilles.

Crapaud commun (bufo bufo)

Cet amphibien frappe plusieurs fois la ruche à proximité de la planche d'envol pour en faire sortir les gardiennes et les happer. Il est peu sensible aux piqûres.

Le blaireau

On reproche au blaireau de capturer les oiseaux nichant à terre, et surtout de s'attaquer aux œufs ; c'est vraisemblable, quoique, la plupart du temps, ce soit le renard le vrai coupable. Le blaireau se nourrit aussi de miel.

En hiver, ce mammifère carnivore n'hésite pas à manger le couvain et le miel. Les ruches situées en lisière de bois et posées à même le sol sont les plus menacées car il y pénètre en creusant la terre pour consommer les gâteaux de miel.

La vipère plus une nuisance pour les abeilles qu'un vrai danger.

L'usage des pesticides et herbicides détruit une très importante quantité d'abeilles.

Le gaucho, insecticide allemand introduit dans la graine du tournesol, a détruit 450 000 ruchers depuis 1996.

Les oiseaux

Le guepier

Son long bec courbé lui permet de saisir les abeilles ou les guêpes dont il est friand.

L'hirondelle

En volant en rase-mottes, l'hirondelle ouvre son bec et se délecte de mouches, de moustiques et d'abeilles.

Le pivert

En hiver, cet oiseau perce un trou dans les ruches en bois et se régale des larves et des abeilles hibernantes.

La bondrée apivore

Ce petit rapace de la taille d'une buse variable apprécie les abeilles et le miel.

Nourriture : principalement des larves et des chrysalides de guêpes, d'abeilles et de bourdons. Les guêpes sont déterrées de leur nid. Au cours d'une saison de nidification, les Bondrées détruisent 100 à 140 nids de guêpes pour nourrir leurs petits.

Le papillon tête de mort

Qui véhicule la fausse-teigne des ruches

L'élevage des reines

La valeur économique de chaque reine est déterminée par la vitalité des œufs et des stades suivants du développement. Egalement par la façon dont l'élevage a été conduit et par les soins durant la période larvaire et celle du développement ultérieur jusqu'à la pleine maturité. Des influences défavorables durant cette période peuvent empêcher dans une large mesure le développement de dispositions héréditaires et faire que certaines qualités n'apparaîtront pas, ou seulement de manière limitée.

Nous savons que dans une ruche, la reine peut vivre 4 à 5 ans. Elle est, en fait, l'individu le plus important de la ruche, étant seule capable d'assurer le développement de la colonie. Les mâles et les ouvrières sont tous fils et filles de la reine et en héritent des caractéristiques génétiques. L'apiculteur élève des abeilles pour leur faire produire du miel, du pollen, de la gelée royale et de la propolis. Les ruches produisent au maximum de leur potentiel si la reine est de bonne qualité, jeune et prolifique. Les apiculteurs expérimentés le savent bien et c'est pour cela qu'ils changent leur reine au moins tous les deux ans.

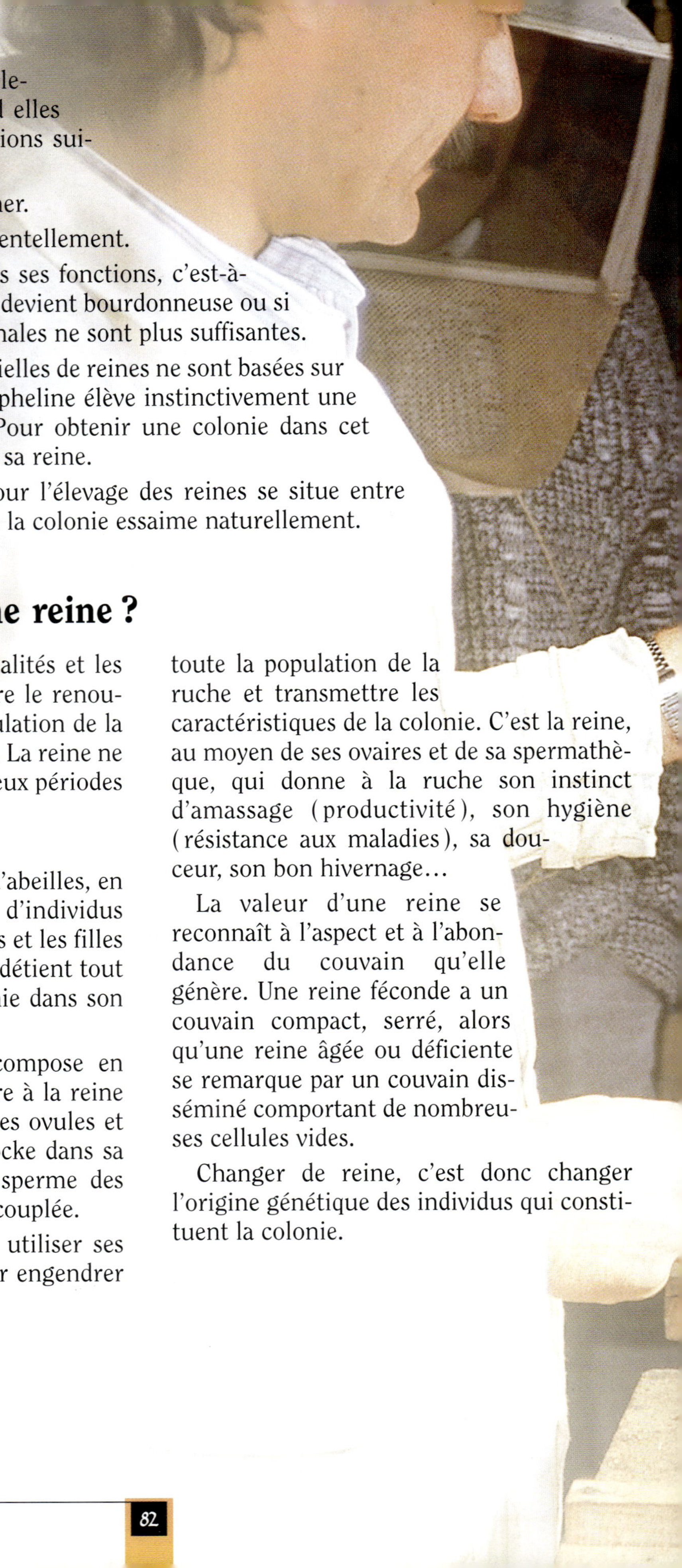

Les abeilles élèvent naturellement de nouvelles reines quand elles se trouvent dans une des situations suivantes :

- si elles se préparent à essaimer.
- si la veille reine meurt accidentellement.
- si la reine ne «remplit» plus ses fonctions, c'est-à-dire si elle pond trop peu, si elle devient bourdonneuse ou si trop âgée, ses sécrétions hormonales ne sont plus suffisantes.

Les méthodes d'élevage artificielles de reines ne sont basées sur le fait qu'une colonie rendue orpheline élève instinctivement une ou plusieurs nouvelles reines. Pour obtenir une colonie dans cet état, il suffit donc de lui enlever sa reine.

La période la plus propice pour l'élevage des reines se situe entre avril, mai et juin au moment où la colonie essaime naturellement.

Pourquoi changer une reine ?

D'elle seule dépendent les qualités et les défauts de la colonie. Elle assure le renouvellement permanent de la population de la colonie par sa ponte importante. La reine ne quitte jamais la ruche hormis deux périodes précises :

1 - les vols de fécondation ;

2 - l'essaimage : une colonie d'abeilles, en pleine saison, est constituée d'individus mâles et femelles qui sont les fils et les filles d'un seul être, la reine. Celle-ci détient tout le bagage génétique de la colonie dans son corps.

Ce bagage génétique se décompose en deux parties, celle qui est propre à la reine par ses ovaires qui produisent les ovules et une deuxième partie qu'elle stocke dans sa spermathèque qui contient le sperme des mâles avec lesquels elle s'est accouplée.

La reine lors de sa ponte va utiliser ses ovaires et sa spermathèque pour engendrer toute la population de la ruche et transmettre les caractéristiques de la colonie. C'est la reine, au moyen de ses ovaires et de sa spermathèque, qui donne à la ruche son instinct d'amassage (productivité), son hygiène (résistance aux maladies), sa douceur, son bon hivernage…

La valeur d'une reine se reconnaît à l'aspect et à l'abondance du couvain qu'elle génère. Une reine féconde a un couvain compact, serré, alors qu'une reine âgée ou déficiente se remarque par un couvain disséminé comportant de nombreuses cellules vides.

Changer de reine, c'est donc changer l'origine génétique des individus qui constituent la colonie.

La reine et ses mystères

La reine et sa cour

Si l'on sait que la reine pond de 1 000 à 2 000 œufs par jour, cela ne veut pas dire pour cela qu'elle les pond, car il faut pour autant que la colonie remplisse un certain nombre de conditions comme l'abondance en abeilles nourricières, de la chaleur, de la ventilation, etc...

Selon les professionnels, sachant que dans la réalité toutes ces conditions ne sont pas toujours réunies, la reine est obligée de restreindre sa ponte et ne libérerait finalement que quelques centaines d'œufs par jour seulement, suivant un plan ordonné, dans les alvéoles de cire construits par les ouvrières.

Si elle fait bien son travail, les ouvrières la choient. Si elle ne leur donne pas satisfaction, elles la détrônent et parfois même elles la tuent et placent une autre reine à sa place.

Contrairement à ce que l'on pourrait croire, les reines sont fabriquées et nullement prédestinées. Ajoutons même que les ouvrières peuvent créer une reine, si une nécessité l'impose. Pour cela, il leur suffit de nourrir généreusement de « gelée royale » une larve ouvrière qu'elles choisissent sur de mystérieux critères puis qu'elles placent enfin dans une cellule royale, et onze jours plus tard, il en sort une reine en possession de tous ses attributs.

Si les reines sont fabriquées sur commande, ce n'est toutefois qu'en trois occasions que celles-ci seront faites à volonté : on retiendra tout d'abord le cas où la reine est devenue insuffisante, lorsqu'elle est perdue ou tuée accidentellement ; enfin quand la ruche regorge de miel et d'abeilles, une partie d'entre elles s'apprête à essaimer (c'est-à-dire à s'envoler pour fonder une nouvelle colonie).

Dans ce dernier cas, avant de partir avec la vieille reine, les essaimeuses préparent quelques-unes à plusieurs dizaines de cellules royales afin d'être certaines que les abeilles restantes seront pourvues d'une souveraine.

Pour donner une idée de la population d'une ruche, rappelons que 85% environs des abeilles de la ruche sont des ouvrières, les 15% qui restent sont des faux-bourdons, créés pour la reproduction.

Il faut ajouter que ces faux-bourdons, qui participent peu à l'activité générale, vivent comme des princes.

Leur repas de miel servi par les ouvrières, ils profitent des beaux jours. De temps en temps, ils se prélassent sur les alvéoles en agitant les ailes, pour aider les ménagères à dessécher le nectar.

La première reine à éclore tue ses sœurs

Dans la ruche, la première reine à éclore d'une douzaine ou davantage de cellules tue ses sœurs avant qu'elles puissent s'échapper de leur enveloppe de cire. Si plusieurs reines éclosent simultanément, elles s'unissent pour tuer à coups d'aiguilles leurs rivales encore au berceau, après quoi elles se livrent entre elles à une lutte, à mort, farouche. Celle qui emporte la victoire finale sera la nouvelle souveraine de la ruche.

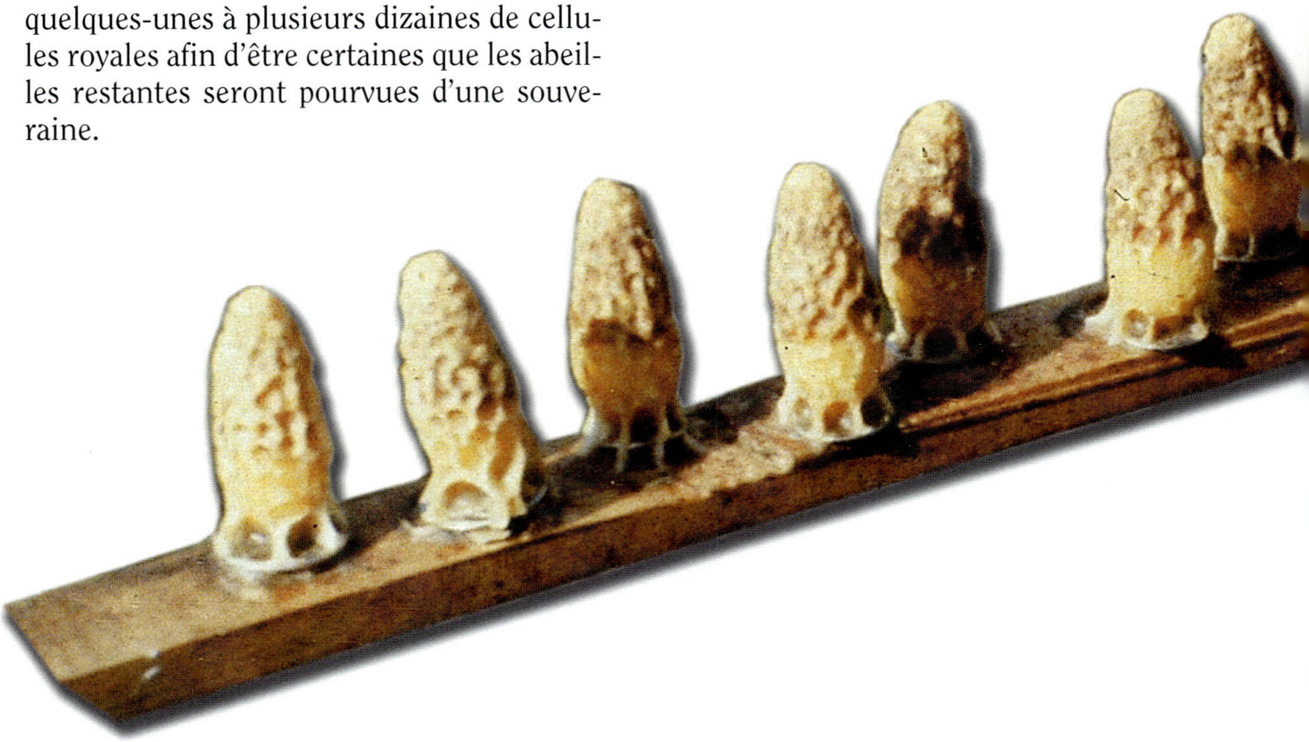

Les apiculteurs français achètent chaque année à des éleveurs professionnels nombreuses reines sélectionnées soigneusement. Cette sélection porte surtout sur la récolte, mais aussi sur la douceur des abeilles, la longueur de leur langue, la grandeur de leur estomac, leur bonne tenue sur les cadres des ruches. Moins elles sont essaimeuses, plus elles sont appréciées.

Tout d'abord dirons-nous qu'il ne faut pas croire qu'avec ces indications, on peut élever des reines à n'importe quelle époque de l'année. Le moment le plus propice est celui de la grande miellée. Il coïncide en général avec celui de l'essaimage.

Au printemps, en période d'élevage intensif avons-nous dit plus avant, une reine très féconde peut pondre jusqu'à 2 000 œufs (parfois plus) par période de 24 heures. Pour atteindre ces performances (son propre poids !), la reine est abondamment nourrie de gelée royale et se trouve à la tête d'une colonie populeuse. Elle parcourt les rayons de la ruche en scrutant les alvéoles de ses antennes et reconnaît, dans l'obscurité et grâce à leur odeur spécifique, les cellules vides et propres.

Préparées par les ouvrières nettoyeuses. Elle dépose un œuf dans chacune des cellules et distingue le diamètre des alvéoles dans lesquels elle introduit son abdomen.

Lorsque le diamètre des alvéoles excède la dimension habituelle des cellules d'ouvrières, la reine ne reçoit pas de stimuli particuliers et pond un œuf qui ne sera pas fécondé par la libération de spermatozoïdes. La reine assure la cohésion de la colonie en produisant une hormone appelée phéromone ou phérormone qui, prélevée sans arrêt sur son corps par les abeilles qui la lèchent et la nourrissent, passe ensuite d'individus en individus par échange de nourriture et léchage.

Cellules royales

La reine est l'unique reproductrice de la ruche. Son aspect physique s'en ressent fortement. En effet, le vol constitue pour la reine une activité exceptionnelle qu'elle effectuera que pendant le vol de fécondation ou en cas d'essaimage.

Nous trouvons donc sur son thorax de petites ailes disproportionnées par rapport à son corps qui lui permette un vol lourd ainsi que trois paires de pattes extrêmement développées qui lui permettent de supporter le poids de son abdomen.

Avant la fécondation

Avant la fécondation, l'abdomen comporte un dard qui permettra à la reine de tuer ses rivales à la naissance voir même dans les cellules royales. Elle deviendra inoffensive lorsqu'elle sera rentrée dans la période de ponte. Le développement larvaire d'une reine se déroule d'une façon bien précise. Les ouvrières orphelines (sans reine) ou accompagnées d'une reine vieillissante et peu pondeuse décident d'élever une nouvelle reine.

Pour cela, elles sélectionnent d'une manière peu connue un nombre (variable selon la capacité de la colonie à fournir de la gelée royale) de larves d'ouvrières de moins de six jours et donc uniquement nourrie à la gelée royale. Elles augmentent la taille des cellules et suivent les phases de développement regroupées dans le tableau ci-dessous. La première à naître sera la nouvelle reine et fera partir l'ancienne en essaimage avec une partie des butineuses et tuera ses rivales encore dans les cellules royales ou encore trop faibles pour combattre.

Parmi les phéromones, on compte :

- Les phéromones non sexuelles.
- Les phéromones de comportements sociaux.
- Les phéromones de reine chez les abeilles.

La reine produit un nombre important de phéromones dont le rôle est capital dans la vie de la colonie. Il en existe trois sortes principales :

- La phéromone émise par les glandes mandibulaires ;
- Les phéromones émises par des glandes abdominales ;
- Les phéromones émises par des glandes de l'extrémité des pattes.

Les phéromones sont dispersées sur tout le corps de la reine, surtout sur la tête et l'abdomen, grâce au contact des ouvrières. Les abeilles captent cette phéromone par des récepteurs situés sur leurs antennes. La transmission dans la ruche est volatile. Elle se réalise aussi par échange de nourriture entre ouvrières mais surtout par contact entre individus. Les individus qui transportent la phéromone sont appelés " messagers ". Ainsi, même si la reine bouge peu, la phéromone est largement dispersée dans la colonie. Ainsi, en 15 minutes, les abeilles peuvent percevoir l'absence de la reine.

Fonction de la phéromone émise par les glandes mandibulaires :

La fonction la plus importante est d'inhiber l'élevage royal. Ce composé, sans doute associé à d'autres facteurs, empêche les ouvrières de construire des cellules royales.

Cependant, lorsque la colonie a une population très importante, les abeilles sont beaucoup moins mobiles et la phéromone royale n'est pas dispersée de façon homogène à toutes les abeilles.

C'est pourquoi, dans ce cas, des cellules royales sont construites par les ouvrières et un élevage de reine commence. Au contraire, quand la colonie est faible, la substance chimique est facilement véhiculée dans la ruche.

Récolte de gelée royale

Piking

Couvain ouvrière de l'œuf à l'insecte parfait

Oeuf 3 jours — Larve 6 jours — Nymphe 12 jours — Insecte 21 jours

Phéromones des reines

La reine produit un nombre important de phéromones dont le rôle est capital dans la vie de la colonie. Ils permettent de communiquer sa présence, de contrôler l'élevage royal, et d'inhiber le développement des ovaires chez les ouvrières. Ils stimulent également la récolte.

Souvenons-nous que cette présence est indispensable pour maintenir la cohésion et l'efficacité de la colonie.

Dans une situation normale, la reine est entourée d'une cour d'ouvrières qui restent en contact plus ou moins prolongé par frottement des antennes ou de la langue. L'importance de cette cour dépend de l'âge de la reine. Une reine d'un an sera plus attractive qu'une reine non fécondée, juste fécondée ou au contraire plus âgée.

Le nom phéromone a été inventé par Karlston & Lüsber (1959) à partir des racines grecques pberein (transporter) et horman (excitation). La définition qu'ils en donnent est la suivante : " les phéromones sont des substances sécrétées par des individus et qui reçues par d'autres individus de la même espèce provoquent une réaction spécifique, un comportement ou une modification biologiques ". *(in M. Barbier, Les phéromones, aspects biochimiques et biologiques)*. Ces phéromones peuvent être des :

Phéromones sexuelles
Phéromones de trace (fourmis)
Phéromones d'alarme (guêpes, abeilles)
Phéromones de Nasanov
(abeilles ouvrières).

Phéromones royales de l'abeille...

On distingue deux types de phéromones : les phéromones incitatrices qui agissent sur le comportement et les phéromones modificatrices qui agissent sur la biologie.

Les phéromones royales de l'abeille

- la phéromone émise par les glandes mandibulaires de la reine (queen mandibular pheromon).

- les phéromones émises par les glandes tergales (abdomen).

- les phéromones émises par les glandes tarsiales (extrémité des pattes).

- la phéromone royale des glandes mandibulaires.

- les phéromones émises par les glandes mandibulaires se trouvent de chaque côté de la tête. Chacune est attachée à sa mandibule par un conduit.

- Les sécrétions glandulaires sont déversées sur la mandibule.

Une reine bourdonneuse produit moins de phéromone

La quantité maximale de phéromones se trouve sur la tête et sur l'abdomen de la reine. La phéromone royale est captée par les abeilles au niveau de leurs récepteurs antennaires. Quand la reine se déplace, une petite quantité de substance est déposée sur la cire, mais ce sont surtout les ouvrières qui participent à la dispersion de la phéromone.

Une reine bourdonneuse produit moins de phéromone qu'une reine normalement fécondée.

Il y a une variabilité énorme dans la quantité de phéromone produite en fonction de l'âge de la reine et du mode d'insémination (insémination artificielle ou fécondation naturelle). Une reine vierge produit moitié moins de phéromone qu'une reine fécondée.

Du point de vue qualitatif, il semble que les reines inséminées ne produisent pas le mélange complet de la phéromone, ce qui expliquerait leur moins bonne acceptation.

Il reste encore beaucoup de questions sur le mode de dispersion de la phéromone émise par les glandes mandibulaires dans la colonie. On peut également envisager un mode de transmission par les échanges de nourriture entre ouvrières et un mode de transmission entre la surface du corps et les ouvrières, particulièrement pendant les contacts d'antennes. Plusieurs faits font pencher en faveur du transport en surface plutôt que par la nourriture :

Le comportement des ouvrières de la cour de la reine renforce l'idée de transport en surface de la phéromone : quelques abeilles lèchent le corps de la reine et un très grand nombre d'abeilles touchent la reine avec leurs antennes. Fréquemment le bout de l'antenne est rapidement et légèrement brossé au-dessus de la reine, parfois les antennes dans leur totalité sont remuées sur le corps de la reine dans une activité fébrile.

A la suite des contacts, les ouvrières nettoient leurs antennes avec leurs pattes antérieures, ce qui répand la phéromone. Les ouvrières qui ont eu des contacts avec la reine se déplacent dans la colonie et ont des contacts réciproques avec d'autres ouvrières à un rythme très élevé pendant quinze à trente minutes.

Les ouvrières qui lèchent la reine ou qui ont des contacts antennaires avec elles exécutent ce genre d'activité entre le deuxième et le neuvième jour de leur existence, bien que les ouvrières de cet âge ne soient pas spécialisées en contacts royaux, mais elles sont particulièrement attirées par les substances de la reine. On a proposé le nom d'abeilles messagères pour ces ouvrières.

Les phéromones sont distribuées sur le corps de la reine lors de son passage, prélevées par les contacts directs entre reine et ouvrières, puis transportées dans la colonie par ses abeilles.

Mâles

Appelés faux bourdons

Leur vol est lourd, puissant et bourdonnant. Ils sont totalement inoffensifs car ils n'ont pas de dard. A la place de ce dernier, on trouve un organe sexuel.

Toute la vie du mâle n'a qu'un seul objectif : arriver à féconder une jeune reine lors de l'un de ses vols de fécondation. S'il y arrive, il en mourra. En fin de miellée d'été, les abeilles n'hésiteront pas à chasser les mâles restants vu qu'à cette période toutes les jeunes reines sont normalement fécondées.

Cellule royale

Ruches des Cévennes

Les différentes races d'abeilles d'apis mellifera

ADAMI : elles construisent de nombreuses cellules royales, extrêmement agressives mais cependant calmes sur le rayon.
ADANSONII : d'une forte agressivité.
ANATOLIACA : une race au butinage intense mais très sensible aux paralysies virales.
ARMENIACA : agressive et nerveuse. Bonne productrice de couvain.
CAPENSIS : douce, utilisée comme pollinisatrice dans les vergers sud Africain.
CARNICA : (sous variétés : banate, carpathes,..)
CARNOLIENNE: douces et résistent aux hivers froids, butineuses efficaces.
CAUCASICA : résiste au froid bonne butineuse et douce.
CECROPIA : douce, mais propolise en quantité abondante.
CERENA : voisine de l'abeille occidentale.
CYPRIA : agressive et très essaimeuse.
Elle édifie de nombreuses cellules royales.
DORSATA : abeilles de grandes tailles appelées parfois "Abeilles géantes des Indes"
Agressives et relativement dangereuses.
FLOREA : abeilles "douces".
BERICA : bonne productrice de miel mais agressive.
INTERMISSA : agressive, "peu" d'intérêt apicole.
LAMARKII : essaimeuse et agressive.
LIGUSTICA : douces, couvain abondant.
MACEDONICA : douce, non encline à essaimer.
MEDA : agressive, elle réagit rapidement à l'intrus.
MELLIFERA : agressivité variable.
MONTICOLA : douce, économe (pendant la récolte, réduit l'élevage).
REMIPES : Iranienne agressive (plus jaune que la caucasienne)
SAHARIENSIS : douce (sauf en cas de pénurie de nourriture).
SCUTELLATA : serait responsable de l'Africanisation des colonies locales.
SICULA : plûtot calme et peu agressive.
SYRIACA : la plus petite abeille et extrêmement agressive.
TAURICA : Africaine et agressive.
UNICOLOR : de Madagascar tendance à l'essaimage.
YEM : agressivité et douceur variable. Fréquents essaims.

Les espèces

Les espèces se sont adaptées aux contraintes des conditions locales qui par pressions de sélection ont apporté des caractères précis, suffisamment caractéristiques pour les séparer en races ; ces distinctions sont d'ordre morphologique (taille, longueur de la langue…) liés à leurs aspects (couleur, poils).

Le genre Apis

Il comprend cinq espèces : l'abeille géante (Apis dorsata), l'abeille naine (Apis florea), l'abeille indienne (Apis cerana), et l'abeille domestique (apis melifica). On vient de découvrir une cinquième espèce d'abeilles, l'Apis Laboriosa. Cette espèce présente les particularités de migrer en fonction des saisons et de pouvoir vivre jusqu'à 3 500 mètres d'altitude dans les montagnes de l'himalaya.

Dans nos régions, l'Apis mellifica est considérée comme l'abeille à miel par excellence.

Au sein de cette espèce, on distingue de nombreuses races comme l'abeille noire de Savoie, l'Apis mellifera, la seule espèce indigène en Europe et en Afrique ; on la trouve aussi dans d'autres contrées où, elle a été introduite (Amérique, Australie).

La définition d'une sous-espèce repose, comme on vient de le voir, sur des différences d'ordre morphologique ; il faut les compléter par d'autres caractéristiques, comme des adaptations écologiques et éthologiques particulières, ainsi qu'une répartition géographique précise.

Une espèce peut donc être formée d'un ensemble de sous-espèces interfécondes ; c'est le cas de l'abeille mellifère pour laquelle plus de 20 races géographiques ont été reconnues. Les quatre principales races d'Europe Occidentale sont : l'abeille noire (Apis mellifera mellifera), l'abeille carniolienne (A. m. carnica), l'abeille italienne (A. m. ligustica) et l'abeille caucasienne (A. m. caucasica).

Ces différentes sous-espèces peuvent être reconnues par l'observation de leurs caractéristiques morphologiques, comme par exemple, la longueur de la langue, la couleur de l'abdomen, les nervures des ailes, etc...

Aujourd'hui on a identifié plus de 25 000 espèces d'abeilles dont les 90% sont solitaires, mais il n'existe que 9 abeilles sociales appartenant au genre Apis, dont 8 se rencontrent en Asie du Sud-Est. En Europe et en Afrique ne se rencontre qu'une seule espèce l'Apis mellifera.

Apis mellifica mellifica :

C'est l'abeille " noire " de l'Europe occidentale, élevée traditionnellement en France. Son agressivité est variable, ainsi que son comportement sur les rayons. Elle est plutôt adaptée aux miellées tardives.

Apis mellifica ligustica :

C'est l'abeille italienne, que l'on trouve dans la plus grande partie de la péninsule à l'état pure. Elle est assez douce, propolise peu et a une faible tendance à l'essaimage.

Apis mellifica carnica :

C'est l'abeille carniolienne que l'on trouve en Yougoslavie, en Autriche, et dans les pays du bassin du Danube. Elle est très douce, son développement est très rapide au printemps.

Apis mellifica caucasia :

C'est l'abeille caucasienne, à longs poils gris, que l'on trouve dans le Caucase. Elle réalise de bonnes récoltes.

Apis mellifica intermissa :

C'est l'abeille des pays du Maghreb. Elle est très agressive et essaime beaucoup.

Apis mellifica adansoni Latreille :

Autre race géographique d'apis mellifica, qui peuple l'Afrique, et qui fait l'objet d'un élevage ancien en Afrique subtropicale. Son agressivité excessive rend l'apiculture difficile. Elle attaque les personnes et les animaux, même à distance. Importée au Brésil, elle occupe désormais la majeure partie de l'Amérique du Sud et a même atteint les Etats-Unis.

Megapis dorsata Fabr. :

Abeille de grande taille qui peuple l'Asie de l'Inde au Japon. Cette abeille nidifie à l'air libre en construisant un unique rayon de grande taille. Très agressive, elle n'est pas élevée mais on récolte son miel et sa cire.

Apis floréa Fabr. :

De plus petite taille qu'Apis dorsata, elle a la même situation géographique

Frelon vespa

Ces messieurs les faux bourdons

L'élevage du couvain de mâles débute au printemps peu après le couvain d'ouvrières. Nés au printemps, les mâles vivent jusqu'à 60 jours ; nés en été, leur vie dépasse rarement 15 à 40 jours. Les mâles sortent généralement des ruches 4 à 5 jours après leur naissance. Lorsqu'ils sont sexuellement mûrs (à partir d'environ 12 jours), ils exécutent des vols quotidiens d'orientation. Ces vols ont lieu généralement entre 11 heures et 16 heures, lors de journées chaudes. Le vol des faux-bourdons s'entend de loin, il est plus bruyant et se généralise de colonie en colonie.

Outre leur rôle primordial dans la fécondation des reines, les fonctions secondaires des mâles restent encore imprécises. Néanmoins, leur nombre et leur présence en permanence dans la ruche participe probablement à plusieurs actions :

- régulation thermique de la température intérieure ;

- mûrissement du miel par échange avec les ouvrières.

C'est par un jour de beau temps à partir du cinquième jour après son éclosion, que la reine effectuera sa première sortie, après quelques vols d'essai et de reconnaissance, la tête tournée en direction de la ruche. Au bout de quelques minutes, la reine reviendra à la ruche puis finalement s'élancera dans les airs accomplir l'ultime vol nuptial en compagnie d'une multitude de faux-bourdons prétendants à l'amour.

J. Louveaux indique que 8 à 10 mâles assurent la fécondation convenable de la reine (et ceci en plusieurs vols), le même jour ou répartie en plusieurs jours ; les mâles ayant participé à la fécondation meurent suite à l'arrachement de leurs organes génitaux, lors du retrait.

L'accouplement passé, la reine mère réintégrera la ruche complètement épuisée et portant dans ses flancs les restes de l'organe copulateur des mâles et dans la vésicule appelée spermathèque, des millions de spermatozoïdes qui lui permettront de féconder les centaines de milliers d'œufs qu'elle pondra durant toute son existence.

La quantité de semence mâle permettra donc à la mère d'être fécondée pendant 3 à 4 ans environ avec une ponte régulière de 2 000 à 2 500 œufs par jour sur 6 à 7 mois consécutifs. A vrai dire, il y a contradiction sur la quantité d'œufs. On prétend que 1 000 à 1 500 œufs serait raisonnable.

La mère, débute sa ponte environ 3 ou 4 jours après sa fécondation.

Dans une colonie, la ponte atteint le maximum en mai-juin, suivant les régions. Elle cesse vers le mois d'octobre, laissant ainsi un repos de quatre mois à la reine. Les œufs pondus sont laissés aux bons soins des ouvrières. L'ensemble des œufs couvés et des larves constituent le couvain. On le trouve en sphère au centre de la ruche. Le couvain le plus ancien se trouve au cœur du rayon, car la mère débute toujours sa ponte par le centre en spirale.

Si les apiculteurs n'aiment pas particulièrement les faux-bourdons dans les ruchers, nous savons également que les abeilles elles-mêmes ne tolèrent pas indéfiniment les mâles dans les colonies et dès que le nectar tarit dans les fleurs, elles chassent ces abeillauds à l'extérieur des ruches, c'est ce que l'on nomme plus communément «le massacre des mâles».

Nous savons que jamais une abeille ne s'aventure dans une autre ruche, à moins que celle-ci soit une pillarde, par contre les mâles ont ce privilège et ne se gênent pas d'en profiter.

Les mâles assurent la fécondation des reines : ils peuvent voler de 10 à 12 kilomètres, ils se réunissent dans un " lieu de rassemblement des mâles ", au loin du rucher où aura lieu la fécondation.

La reine se dirige vers ce lieu en attirant par l'odeur royale (une phéromone) qu'elle émet ; une nuée de mâles qui l'accompagnent et l'entourent (formant ainsi un rempart protecteur autour de la reine) rejoignent dans ce " lieu-dit ", d'autres mâles venant d'autres ruchers. (Ces endroits sont surnommés aires de congrégation).

Mais rares sont ceux qui atteignent leur but et les vainqueurs ne survivent pas aux efforts accomplis lors de cet accouplement acrobatique.

La fécondation de la jeune reine vierge ayant lieu dans l'espace (jamais dans la ruche) un grand nombre de mâles est nécessaire pour poursuivre ce but, laissant aux plus agiles d'entre eux, le soin d'y parvenir, faisant ainsi une sorte de sélection naturelle...

Le faux-bourdon participe au même titre que l'abeille au maintien de la température au sein de la colonie. L'absence de dard sur son corps ne l'empêche pas de défendre la ruche en fonçant violemment sur les intrus.

Les ouvrières s'y prenant à plusieurs pour tracter les gros mâles à l'extérieur, n'hésitant pas parfois, à déchiqueter leurs ailes. Incapables de se nourrir seuls, cas mâles tentent de retourner dans leur ruche (ou une ruche voisine) mais à terme, ceux qui sont chassés meurent de faim.

Le massacre est une nécessité pour une colonie et toute population d'abeilles qui ne chasse pas ses mâles à la fin de la miellée n'a peut-être plus de reine.

Cette colonie est « orpheline ».

Une ruche normalement constituée ne doit produire que deux à trois mille mâles, du mois d'avril jusqu'en août. Un nombre exagéré de ces individus est aussi l'indice d'une vieille reine épuisée. Elle sera donc à remplacer au plus tôt sinon, elle devient « bourdonneuse », c'est-à-dire que ces œufs ne sont plus fécondés.

Le hasard de la distribution des chromosomes

Génétiquement, le faux-bourdon reçoit de sa mère, géniteur unique un jeu de 16 chromosomes (un de chaque paire). Il multiplie ce jeu pour le distribuer à toutes les cellules de son corps et à ses spermatozoïdes.

Notons la particularité du mâle de l'abeille : tous ses spermatozoïdes sont génétiquement identiques puisqu'ils ne peuvent posséder qu'une copie du jeu des 16 chromosomes contenus dans l'ovule dont ce mâle est issu.

Les ouvrières d'une colonie sont les filles dont le patrimoine génétique est partagé de moitié de la reine et moitié du mâle. Cette mère leur a légué 16 de ses 32 chromosomes. Elles sont aussi les filles d'un faux-bourdon qui leur a donné ses 16 chromosomes.

Le hasard de la distribution des chromosomes dans les cellules sexuelles femelles va créer des centaines d'assemblages divers.

Rappelons-nous qu'au début de son existence, la reine s'accouple à plusieurs mâles qui lui donnent chacun un lot de spermatozoïdes. La spermathèque de la reine contient donc autant de sortes de spermatozoïdes qu'il y a eu d'accouplements. Quand cette reine ira féconder ses ovules, pour chacun elle utilisera un spermatozoïde de l'un des lots de sa spermathèque. Elle pourra donc engendrer autant de sortes ou groupes d'ouvrières qu'elle a reçu de sortes de spermatozoïdes, puisqu'une sorte de spermatozoïde vient d'un père, il y aura autant de groupes d'ouvrières que de pères.

Pour résumer, chaque mâle ayant donné à la reine un lot de spermatozoïdes identiques, les filles issues de ce père seront entre elles, par leur père, comme de vraies jumelles.

De son côté, la reine fabrique dans ses ovaires des centaines d'ovules différents. Ses filles d'un même groupe seront entre elles comme des sœurs dans l'espèce humaine.

Les bourdons sont nécessaires à l'essaimage

Certains apiculteurs voulant expliquer les divergences qu'on rencontre parfois dans le caractère et comportements des abeilles, soulignent : « que les abeilles ne font rien invariablement ». C'est-à-dire, qu'il n'existe pas de différences profondes dans leur manière d'agir, du moins en ce qui concerne certains détails qui ne modifient pas l'ensemble de leurs mœurs.

Quelques auteurs avancent également que les bourdons sont indispensables pour l'essaimage. Toutefois, selon des observateurs, si l'on supprime le couvain de faux-bourdons, l'essaim ne serait pas pour autant écarté.

Ce qu'il faut retenir c'est que le début de la période d'essaimage semble coïncider avec le moment où le couvain operculé devient plus important que le couvain ouvert. On assiste alors à une sorte de rupture dans le développement de la colonie.

Le manque de place pour la population et la ponte de la reine. Malgré l'augmentation de l'espace vital, il n'est pas certain que l'on puisse maîtriser l'essaimage sinon en supprimant les cellules royales.

Le long confinement d'une très forte population par suite de conditions météorologiques défavorables. Toutefois, on constate que des ruches faibles ont essaimé, tandis que d'autres par fois très fortes ne l'ont pas fait. Des naissances très nombreuses coïncident bien souvent avec de fortes miellées notamment pendant la floraison du colza.

L'âge de la reine : les jeunes reines dégageant plus de substances royales maintiennent plus facilement la cohésion de la colonie. Les abeilles ont alors tendance à remplacer leur reine âgée par une plus jeune. Mais là encore, il arrive que des colonies pourtant conduites par une reine d'un an essaiment également.

Certaines souches sont plus essaimeuses que d'autres.

Pour empêcher la naissance des faux-bourdons dans la ruche, on enlève généralement les cellules qui leur servent ordinairement de berceau. François Huber observa, néanmoins qu'une reine ayant le besoin impératif et vital de pondre des œufs non fécondés les pondrait même dans de petites cellules et de ces cellules à capacité réduite naîtront des mâles appelés «mâles à petites tailles»

Par contre, il n'en serait pas de même si un œuf d'ouvrière était déposé dans une cellule de mâles, les abeilles le détruiraient. Le couvain de mâles est operculé neuf jours et demi après la ponte de l'œuf et il éclôt au bout de vingt-quatre jours. L'apiculteur qui décapitera le couvain le fera tous les dix jours.

Le seul moyen vraiment pratique de n'avoir pas de bourdons en trop grand nombre dans les ruches, c'est de mettre les abeilles dans l'obligation de n'élever que des ouvrières, en leur donnant de la cire gaufrée à petites cellules par exemple et enfin, bien entendu, avoir de bons rayons et des jeunes reines évidemment.

Pour terminer ce chapitre sur les mâles, n'oublions jamais que dans l'apiculture plus que dans une aucune autre profession, au fur et à mesure que nous avançons, nous constatons qu'on court le risque de se tromper et de sortir de la réalité, surtout en se montrant trop affirmatif ou trop résolu. Ce qui est vrai dans certaines circonstances ne peut plus l'être dans d'autres.

Le pollen, la poudre d'or

Le mot " pollen " dérive du grec " palé ", qui désignait à la fois la farine et la poussière pollinique. De cette même racine est né également le mot " palynologie " qui correspond à l'étude scientifique des pollens.

" Le pollen représente une multitude de corpuscules microscopiques contenues dans les sacs polliniques de l'anthère de la fleur, ces grains minuscules constituant les éléments fécondants mâles de celle-ci. "

On peut dire de façon imagée qu'il s'agit tout simplement du " sperme végétal ".

De forme sphérique ou ovoïde plus ou moins déformée, un grain de pollen a une taille moyenne qui se situe entre 20 et 40 microns (millième de millimètre).

Il existe des milliers de variétés de pollens. Chaque espèce de plante à fleurs en produit un de spécifique - véritable " empreinte digitale " de la plante concernée - dont les caractéristiques permettent l'identification précise au microscope.

L'observation attentive de la manière dont les abeilles s'alimentent et nourrissent leurs larves, a permis de constater que le pollen contenu dans les étamines des fleurs, peuvent être considérés comme le « pain des abeilles ».

Elles en font provisions, tant que les fleurs peuvent leur en donner et le conservent soigneusement dans les rayons de cire.

On sait que si l'on prive les jeunes abeilles de pollen, celles-ci en tombent malades pour ne pas dire qu'elles finissent par en mourir.

En ce qui concerne les abeilles plus âgées, elles ne consomment généralement que du nectar et du miel, rarement du pollen, sauf en période de grande disette.

Le pollen est utile pour la sécrétion de la cire. L'absorption de pollen à la fin de l'été apporte une modification physiologique qui permet à l'abeille de survivre en hiver et de recommencer l'élevage malgré l'absence de pollen.

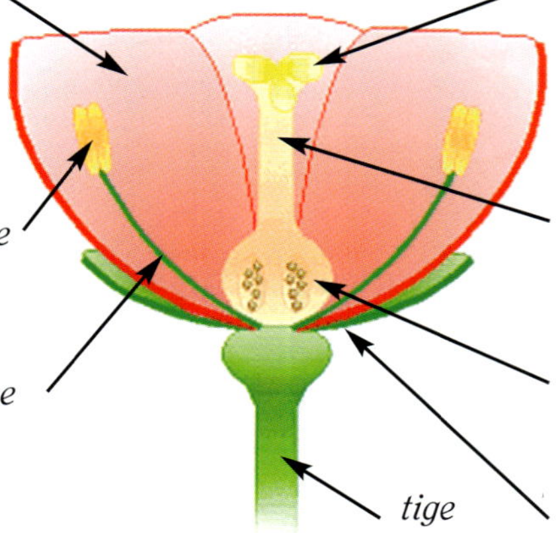

Schéma des organes sexuels d'une fleur

En observant une abeille en train de butiner sur une fleur, on s'aperçoit que ses pattes sont lestées de petites boules farineuses rouges ou jaunes : c'est le pollen recueilli sur les étamines des fleurs. Lors de la récolte, les abeilles les font passer successivement de la première paire de pattes à la seconde, les empilent en les humectant de salive constituée de nectar, sur les corbeilles de la 3e paire de pattes et les y fixent à l'aide de petits coups.

Une partie de ce pollen va servir à féconder les autres fleurs, l'autre partie sera rapportée à la ruche. En effet, le pollen a une influence sur la construction des rayons de cire, sur la ponte de la reine et par répercussion, sur la récolte de miel.

Les apiculteurs le récoltent à des fins médicinales ou pour le donner aux ruches nécessiteuses après l'hiver. Pour le récolter, il suffit de placer à l'entrée des ruches une trappe à pollen qui peigne les pattes des abeilles : les petites boules de pollen tombent dans un tiroir, d'où elles sont récoltées chaque soir avant l'humidité nocturne. Mais pour ne pas porter préjudice à la colonie, on doit limiter le prélèvement à 2 kg par ruche et par an.

L'intervention des abeilles dans la vie des fleurs n'est pas faite de façon consciente et leur rôle pollinisateur, c'est-à-dire de fécondation, entraînant la fertilité, n'est en réalité qu'une conséquence accidentelle de leur activité.

Les abeilles en butinant ont un rôle capital dans la pollinisation, la multiplication des espèces florales et le développement des cultures fruitières. Sans pollen, pas de fruit, et sans abeille, pas de pollinisation.

De nombreux organismes de production de semences et de sélection font appel à ces agents pollinisateurs pour augmenter les rendements de leurs productions.

La pollinisation entomophile a donc une application à des fins économiques, surtout pour les arbres fruitiers.

Dans les régions tempérées, les arbres fruitiers appartiennent à la famille des rosacées qui comprennent un millier d'espèces réparties dans le monde.

Avant de ramener le pollen à la ruche, l'abeille injecte une protection, un lactoferment riche de 20 % de protéines, véritable nettoyeur biologique qui détruit tous les germes pathogènes de la ruche. Les abeilles l'utilisent pour le couvain, afin de les protéger des maladies. L'utilisation du pollen d'abeille resta longtemps méconnue. C'est au début du XXe siècle, que les chercheurs ont commencé à s'intéresser aux propriétés du pollen grâce à un scientifique travaillant sur les centenaires de Russie et découvrant que la plupart étaient des apiculteurs, consommateurs de pollen. Les pollens récoltés par les abeilles n'ont rien à voir avec les pollens transportés par le vent qui sont à l'origine des manifestations allergiques respiratoires. Ces pollens entomophiles peuvent donc être pris sans aucun inconvénient par les personnes souffrant de coryza spasmodique ou d'asthme.

L'origine de la source

Avant d'examiner le pollen, examinons l'anatomie d'une fleur qui est la seule source du pollen.

Définitions : (du latin flos, floris) Organe reproducteur des végétaux à graines (spermaphytes). La fleur (du latin flos, floris) Organe reproducteur des végétaux à graines (spermaphytes).

La structure générale d'une fleur est la suivante :

Androcée : Le groupe des étamines, partie mâle de la fleur.

Anthère : Partie terminale renflée de l'étamine qui contient le pollen.

Apétale : Fleur sans pétale.

Bractée : Organe en forme de petite feuille souvent colorée, qui est situé à la base du pédoncule d'une fleur ou d'une inflorescence et qui a un rôle attractif.

Calice : Ensemble des sépales formant l'enveloppe florale externe.

Carpelle : Partie femelle de la fleur.

Couleur : La couleur des fleurs vient des substances que se trouvent dans la fleur.

Le changement de la couleur de certaines fleurs du rouge au bleu est provoqué par une baisse du taux d'acidité du suc cellulaire bien que la formule chimique du colorant soit identique.

Corolle : Ensemble des pétales formant l'enveloppe florale interne.

Eperon : Prolongement en forme de tube de la corolle ou du calice, situé à l'arrière ou au-dessous de la fleur (exemple violette).

Etamine : Partie mâle d'une fleur où le filet porte l'anthère (sac à pollen).

Filet : Partie souvent filiforme de l'étamine qui porte l'anthère.

Hermaphrodite : Fleur ayant à la fois les éléments mâles (étamines) et femelle (pistil).

Ovaire : Organe femelle dont les carpelles renferment les ovules.

Pédoncule : Sorte de petit rameau portant la fleur ou le fruit.

Pétale : Pièce florale de la corolle.

Pistil : Ensemble des organes femelles de la fleur, composé du (ou des) ovaire(s), du (ou des)

style(s) et du (ou des) stigmate(s).

Réceptacle : (lat. receptaculum, magasin ; de receptare, recevoir) Partie plus ou moins élargie du pédoncule de la fleur, sur laquelle s'insèrent les pièces florales, et qui peut être bombée, plate ou creusée en coupe.

Stigmate : Extrémité supérieure du pistil.

Style : Partie du pistil, souvent filiforme, reliant l'ovaire au stigmate, prolongement de l'ovaire portant le stigmate.

Venin d'abeille

" L'amour piqué par une Abeille,
Au moment qu'il cueillait une Rose vermeille,
Courut tout éploré dans les bras de Vénus :
Ah ! ma Mère, dit-il, je meurs ; je n'en puis plus.
Je viens d'être piqué par un Serpent qui vole "

Anacréon, VIe siècle avant J.-C.
Venus et Amour, A.Dürer, 1514.

Maurice MATHIS, Sous-Directeur de l'institut Pasteur de Tunis, soulignait qu'à la suite de sa piqûre, le traumatisme de l'abeille affolée en meurt toujours. Et le mythe de reprendre tous ses droits et les chants de gloire à l'adresse de la courageuse et brave abeille qui défend son peuple en se sacrifiant.

Les produits issus de la ruche (miel, gelée royale, pollen, cire, propolis et venin d'abeille) ont été de tout temps utilisés à des fins médicinales. On leur attribuait de nombreux pouvoirs thérapeutiques, souvent liés à des valeurs spirituelles et sacrées. Depuis quelques décennies et à travers le monde, les recherches scientifiques entreprises attestent d'effets thérapeutiques incontestables qui viennent renforcer l'Apithérapie (la science de l'abeille au service de l'Homme).

Le venin d'abeille contient des acides : l'acide chlorhydrique, l'acide orthophosphorique, de même qu'un acide aminé la mélitine qui, en se dégradant, fait apparaître de l'histamine toxique. D'autres substances sont également présentes : de la choline, du tryptophane, du soufre, du phosphate de magnésium, des traces de cuivre et de calcium, des substances azotées, des graisses volatiles (cause probable de la sensation de douleur cuisante), des diastases, etc.

Le venin aux vertus thérapeutiques

La piqûre d'abeille et le venin qui en résulte provoque bien sûr des douleurs mais comporte également de multiples vertus thérapeutiques et biologiques.

Les abeilles qui viennent de naître ne possèdent pas encore de venin. Après 2-3 jours, les glandes commencent à produire du venin.

Ce sont les abeilles âgées de 2-3 semaines qui possèdent le plus de venin. Grâce à une technique de récolte spéciale, on peut récolter d'importantes quantités de venin d'abeille.

Le principe consiste à passer sur la planche de vol de la ruche un courant électrique basse tension.

Au passage, l'abeille reçoit une décharge électrique et se défendant pique dans un voile de nylon situé au-dessous d'elle.

Lorsque le voile est bien imprégné, il est lavé dans l'alcool puis celui-ci est desséché et apparaît alors une poudre blanche extrêmement toxique : le venin d'abeille. Cette poudre sert ensuite à diverses applications médicales, notamment contre les douleurs rhumatismales (rhumatismes musculaires, lumbagos, torticolis), les névralgies rhumatismales (sciatiques), les rhumatismes articulaires.

L'apithérapie

L'apithérapie est le traitement des maladies par les produits récoltés, transformés ou sécrétés par l'abeille, et tout particulièrement pour l'heure : le pollen, la propolis, le miel, la gelée royale et le venin.

Les différentes substances fabriquées par les abeilles, ainsi que leurs infinies combinaisons avec les plantes, sont en fait de véritables médicaments, formant une large apipharmacopée sans effets secondaires indésirables.

Soigner avec le venin d'abeilles

Certains chercheurs restent sceptiques: personne, disent-ils, n'a encore déterminé avec précision la dose efficace et le mode d'action du venin.

« Certaines études cliniques... ont reconnu une utilité [à l'apithérapie], mais qu'elles sont d'exception et qu'elles ne répondent pas aux critères de la méthodologie scientifique ».

L'arthritique ou le rhumatisant qui a recours à la thérapie par le venin d'abeille a le choix : il peut se faire piquer par l'abeille ou par le médecin. Dans le premier cas, il s'adresse à un apiculteur et adopte une colonie d'abeilles vivantes qu'il applique sur sa peau, une à une, en grimaçant un peu. Dans le deuxième cas, il se rend régulièrement chez un médecin qui lui administre le venin à la seringue, et se trouve à même de surveiller l'évolution du traitement.

S'il fallait estimer une forme de traitement à sa longévité, l'apithérapie l'emporterait haut la main. Hippocrate en vantait les mérites, il y a 2 000 ans, et les Asiatiques l'utilisent depuis des siècles: certains d'entre eux pratiquent d'ailleurs une synthèse ingénieuse, en posant les abeilles sur des points d'acupuncture...

Mesures à prendre en cas de piqûre d'abeille

On estime que de 10% à 20% de la population française est sensibilisée au venin d'hyménoptère. Mais les allergies déclarées sont beaucoup plus rares, de l'ordre de 0.4% à 1% de la population. On est allergique au venin d'hyménoptère, c'est-à-dire qu'il faut être piqué pour déclencher une allergie. En temps normal, il faut de l'ordre de 2500 piqûres pour entraîner le décès d'un sujet non sensibilisé. Dans le cas d'une allergie, une seule piqûre peut suffire et entraîner des manifestations très violentes : urticaire géante, œdème, choc anaphylactique ...

Enlever l'aiguillon : lorsque l'abeille a piqué un être humain, son aiguillon ainsi que le réservoir à venin restent dans la peau. L'aiguillon doit être retiré en premier. Pratiquement, on le retire à la base à l'aide de l'ongle. Ne jamais saisir avec deux doigts car le réservoir à venin pourrait se vider complètement dans le tissu.

Pour les enfants, des réactions toxiques dangereuses peuvent se produire à partir d'environ 50 piqûres et à partir de 100-500 pour les adultes. Dans ce cas, le patient doit être hospitalisé.

Les piqûres dans la région de l'œil, de la tempe ou la bouche sont toujours dangereuses et nécessitent, également en raison des fortes douleurs et des importants gonflements, des soins médicaux immédiats.

Lors d'une piqûre, des muscles de l'appareil vulnérant de l'abeille font avancer et reculer les lancettes dans la gaine de l'aiguillon. Les lancettes sont barbelées, et ce mouvement permet au dard de pénétrer profondément dans la peau de la victime.

Le venin de l'abeille produit par la glande à venin est accumulé dans le sac à venin. Il s'échappe à travers la gaine de l'aiguillon et accède à la blessure par les lancettes.

Désensibilisation

Les personnes qui sont allergiques au venin d'abeille peuvent se faire désensibiliser contre le venin.

L'exécution d'une désensibilisation sûre s'étend sur 3 à 5 ans.

Rafraîchir

Pour réduire la douleur et l'enflure, appliquez une compresse froide d'eau vinaigrée ou javellisée (une cuillère à café pour un verre d'eau), ou appliquez une tranche d'oignon cru sur la piqûre et de bicarbonate de soude délayée avec un peu d'eau pour une piqûre d'abeille. Ne frottez pas la région sensible. Cas grave : certains enfants sont très sensibles aux piqûres d'abeille en raison d'une allergie particulière. En cas de piqûres multiples, il peut être nécessaire d'emmener l'enfant à l'hôpital, si l'enfant est gêné pour respirer, s'il est « choqué », c'est-à-dire pâle ou même violacé, froid et tremblant.

Dard dans l'arrière-bouche

Si le dard est visible, retirez-le avec une pince à épiler. Evitez de presser la glande à venin, ce qui injecterait davantage de venin dans l'organisme. Donnez à votre enfant un verre d'eau froide ou un glaçon que vous lui ferez sucer. Si le dard n'est pas visible, emmenez votre enfant chez un médecin.

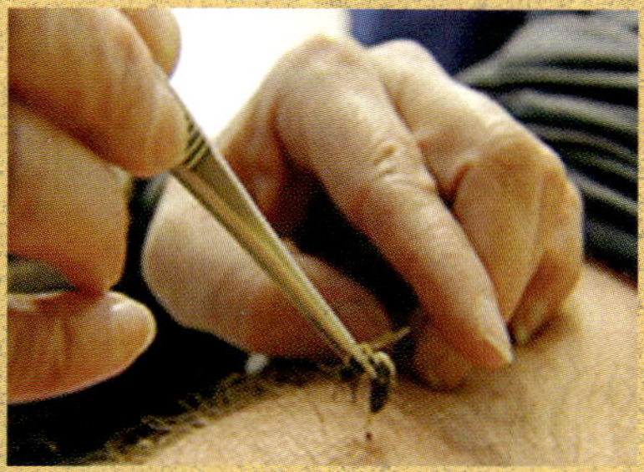

Piqûre bénigne dans 99 % des cas:

- Chauffer le point de piqûre au THERAPIK (petit appareil comportant une résistance, vendu en pharmacie).
- A défaut chauffer avec une cigarette, le plus près possible de la piqûre sans occasionner de brûlure.
- S'il s'agit d'une piqûre d'abeille : raser le dard avec un couteau (ne pas retirer le dard avec les doigts ou une pince à épiler).

Définition de la gelée royale

« La gelée royale est le produit de sécrétion du système glandulaire céphalique (glandes hypopharyngiennes et glandes mandibulaires) des abeilles ouvrières, entre le 5e et le 14e jour de leur existence (ouvrières qui portent alors le nom de nourrices). Substance blanchâtre aux reflets nacrés, à consistance gélatineuse, de saveur chaude, acide et légèrement sucrée, qui constitue la nourriture exclusive :

- de toutes les larves de la colonie, sans exception, de leur éclosion jusqu'au 3e jour de leur existence ;
- des larves choisies pour devenir reines jusqu'au 5ème jour de leur existence ;
- de la reine de la colonie pendant toute la durée de son existence à partir du jour où elle quitte la cellule royale ".

La gelée royale est donc, non seulement, un aliment essentiel nécessaire et indispensable à la survie des abeilles, mais encore un aliment doué d'une rare puissance de développement.

En effet, sous l'influence de cette nourriture, la larve d'abeille présente une croissance absolument extraordinaire dont on ne trouve que peu d'exemples dans la nature. La larve d'ouvrière multiplie son poids d'environ 1000 fois en 5 jours, dont 3 de gelée royale exclusive ;

Toutes les larves de la colonie sont nourries à la gelée royale pendant leurs trois premiers jours, nous pourrions supposer que cette substance est alors abondante dans la ruche et que sa récolte est aisée. Il n'en est rien.

La quantité dont disposent les larves d'ouvrières correspond équitable à leurs besoins, ce qui la rend pratiquement impossible à recueillir.

Seule la quantité dont disposent les larves royales, logées dans des cellules plus grosses en forme de doigt de gant, est abondante et dépasse de beaucoup leurs besoins, ce qui permet de la récolter.

Après plusieurs années d'existence (4 à 5 ans), une reine devient stérile. Les ouvrières n'attendent généralement pas les signes de sénilité de leur mère pour procéder à son remplacement. Celui-ci s'effectue par essaimage ou plus rarement par supersédure. L'apiculteur a tout intérêt à maîtriser cette situation et même à les diriger s'il veut maintenir l'intégralité de l'effectif ou l'augmenter, tout en bénéficiant du dynamisme des jeunes reines.

Les méthodes d'élevage de reines sont basées sur le comportement même des abeilles. Néanmoins, la production de cellules royales dans la ruche n'a lieu que dans deux exceptions : lorsque la reine a disparu (par suite de mort naturelle ou d'accident) et qu'il faut donc la remplacer par une autre car elle est trop âgée, ou quand la population de la ruche est devenue trop nombreuse et qu'une partie la quitte avec la vieille reine (c'est l'essaimage).

Dès lors, pour fonder une nouvelle colonie, les abeilles fabriquent plusieurs cellules royales avant le départ de l'essaim.

La gelée royale

C'est le produit de sécrétion du système glandulaire céphalique (glandes hypopharyngiennes et glandes mandibulaires) des abeilles ouvrières, entre le 5e et le 14e jour de leur existence (ouvrières qui portent alors le nom de nourrices).

Cette substance blanchâtre aux reflets nacrés, à consistance gélatineuse, de saveur chaude, acide et légèrement sucrée, constitue la nourriture exclusive de toutes les larves de la colonie, sans exception, de leur éclosion jusqu'au 3e jour de leur existence, des larves choisies pour devenir reines jusqu'au 5e jour de leur existence, de la reine de la colonie pendant toute la durée de son existence à partir du jour où elle quitte la cellule royale.

Une larve royale qui bénéficie, elle, de 5 jours consécutifs d'alimentation à la gelée royale voit son poids multiplié d'environ 2000 fois !..

La gelée royale est donc sécrétée par les glandes hypopharyngiennes et mandibulaires. Ces glandes présentent clairement une différence anatomique et morphologique.

Les glandes hypopharyngiennes font la biosynthèse de l'acide 10-hydroxydecénoïque, tandis que les glandes mandibulaires biosynthétisent un mélange d'acides gras, composé principal de l'acide 9-oxodecénoïque, et synthétisent aussi l'acide octanoïque et d'autres acides volatiles.

Diverses études actuelles ont démontré que les glandes mandibulaires synthétisent aussi l'acide 10-hydroxydecénoïque, bien qu'en petites quantités.

La gelée royale est le produit de ces deux glandes. L'alimentation est un facteur aussi influent que l'activité des glandes.

Le pollen est la source la plus importante pour la biosynthèse de ces acides organiques. Une autre influence décisive, outre la croissance du fonctionnement de ces glandes, c'est l'âge de l'abeille.

Durant la période hivernale (température inférieure à 14°) les glandes arrêtent leur activité, pour reprendre au printemps, au début de la floraison, où elles sont réactivées. Pendant cette période latente, au début du printemps, la qualité de la gelée royale a une valeur qualitative moindre et, au fur et à mesure que l'activité reprend, les glandes vont augmenter la valeur des acides organiques qui composent la gelée royale.

Méthode de production de gelée royale

L'idée consiste à rendre la ruche orpheline en lui enlevant sa reine, et à la contraindre à créer un élevage de reines, en plaçant dans la ruche un cadre de cellules artificielles (cupules) dans lesquelles on implante des larves d'abeilles ouvrières. Celles-ci, adoptées par les éleveuses en tant que " futures remplaçantes " de la reine absente, seront abondamment nourries de gelée royale.

La méthode

Les abeilles orphelines vont dès lors agrandir une cellule contenant une minuscule larve destinée à devenir abeille, elles vont remplacer la nourriture de « miel et le pollen », et nourrir la petite larve uniquement avec de la gelée royale. Cette sécrétion étonnante va accélérer la croissance, provoquer une transformation pendant le développement, et permettre la naissance d'une reine après 16 jours seulement, alors que la même larve nourrie de miel et de pollen donne naissance à une abeille ouvrière après 21 jours.

Composition sommaire de la gelée royale

Eau	*66 %*
Protéines	*12,34 %*
Graisses	*6,46 %*
Glucides	*12,49 %*
Cendres	*0,82 %*
Matières indéterminées	*2,84 %*

Cette jeune reine, plus grosse que l'abeille, et nourrie exclusivement de Gelée Royale, va vivre de 3 à 4 ans, (l'ouvrière ne vit que 6 à 7 semaines), et elle va pondre chaque jour de 1 500 à 2 000 œufs, soit son propre poids.

L'apiculteur n'attend pas un essaimage pour faire l'élevage lui permettant la production de Gelée Royale. Il retire la reine présente dans la colonie, celle-ci dans un réflexe de survie (la reine étant l'unique pondeuse dans la ruche) va élever une autre reine, et l'apiculteur interviendra après quelques jours pour prélever la gelée royale disposée abondamment par les abeilles nourrices dans la cellule abritant la future reine.

Bien sûr, c'est en très petite quantité que se fait la récolte, il faut le contenu de 3 à 4 cellules de reines pour obtenir 1 gramme de Gelée Royale.

Indications

- Revitalisante et dynamisante.
- Stimulante et tonifiante, avec augmentation des capacités physiques, intellectuelles et sexuelles.
- Traite les états de fatigue : post-opératoire, convalescence, surmenage.
- Stimule l'appétit.
- États dépressifs mineurs.
- Troubles cutanés, surtout dans les cas d'hyper kératose et de séborrhée.
- Maladies infectieuses : une cure de gelée royale en hiver permet souvent de passer à travers les épidémies, ou de raccourcir l'évolution de celles-ci.

On trouve la gelée royale sous diverses formes : La gelée royale naturelle pure et fraîche. Cette forme doit être impérativement conservée au réfrigérateur à une température comprise entre 0 et 5° C. La dose est de 300 mg par jour pour un adulte. La gelée royale naturelle pure et lyophilisée : 200 mg par jour en entretien.

Définition

La propolis désigne toute une série de substances résineuses, gommeuses et balsamiques, de consistance visqueuse, recueillies par les abeilles sur certaines parties de végétaux (essentiellement les bourgeons et les écorces de certains arbres), substances qu'elles rapportent à la ruche et qu'elles modifient vraisemblablement en partie par l'apport de certaines de leurs propres sécrétions (cire et sécrétions salivaires principalement).

La récolte de propolis est faite par un nombre restreint d'abeilles ouvrières butineuses (qui se trouvent donc être dans la dernière partie de leurs existences). Ces ouvrières sont certainement très spécialisées dans cette activité puisqu'elles ne semblent pratiquement effectuer aucun autre travail au sein de la colonie (la récolte de nectar par exemple, et cela même si la demande s'en fait sentir), si ce n'est un travail en relation directe avec cette récolte, à savoir le colmatage à l'intérieur de la ruche.

Les récolteuses de propolis ajoutent de la cire et des sécrétions salivaires.

La propolis joue également un rôle hygiénique en créant une couche protectrice contre les invasions microbiennes ou fongiques. L'ouverture, nommée le « trou d'envol », qui se trouve à l'entrée de la ruche, est constamment ajustée et remodelée à l'aide de propolis afin d'adapter ses dimensions et son orientation en fonction des conditions climatiques. Ce passage constitue par la même occasion une sorte de chambre de stérilisation à l'entrée de la ruche, d'où le nom propolis qui signifie, en grec ancien, « devant » (pro) la « cité » (polis). Les Romains en faisaient commerce. Les Incas l'utilisaient pour soigner la fièvre. De tout temps, c'est un produit dont on s'est servi en médecine populaire.

La propolis

En Égypte, la propolis servait à l'embaumement. Elle était également connue des Grecs anciens puisque Aristote la présentait, dans son histoire des animaux, comme un « remède aux affections de la peau, plaies et suppurations ». Elle connut un regain de popularité au XIXe siècle lorsque les médecins de l'armée anglaise l'employèrent pour désinfecter les blessures et faciliter leur cicatrisation durant la Guerre des Boers en Afrique du Sud.

Récolte de propolis par les apiculteurs

La propolis peut être récoltée selon des techniques diverses

• par raclage et grattage des cadres ou des parois de la ruche, de préférence par température assez basse, la propolis, alors dure et friable, se détachant mieux ;

• ou mieux quant à la qualité de la propolis obtenue, par l'utilisation de différents procédés et dispositifs (grille moulée en matière plastique souple par exemple) dans le détail desquels nous n'entrerons pas ici.

1- la propolis est déposée aux endroits (les plus) froids de la ruche :

- sommet et surtout tète des cadres et couvre-cadres

- parois des ruches : a gratter mais contient des particules de bois et autres

- entrée et contour du plateau : propolis plus sale car mêlée aux crasses du bas de la ruche

2- si ces endroits sont (bien) calfeutres, cette propolis contient beaucoup de cire; raison : la propolis se manipule à plus basse température que la cire.

On trouve principalement la propolis sur :

le Bouleau,
l'Aulne,
le Marronier,
l'Hêtre,
le Peuplier,
certains Conifères,
le Chataignier, etc...

Propolis de cadre

Récolte de la propolis

Les abeilles récoltent la propolis comme le pollen, qu'elles stockent dans leurs corbeilles.

En l'absence de production florale naturelle en propolis, les abeilles récupèrent la vieille propolis de leur ruche ou sur le matériel entreposé; elles sont capables de ramollir la propolis durcie, grâce à une enzyme qu'elle incorpore lors du " mallaxage ".

La propolis en médecine humaine

Une composition chimique très complexe :

Acides organiques, acides phénols, aldéhydes aromatiques, coumarines, flavonoïdes, substances minérales, oligo-éléments, vitamines A-B3... contribuent à la très forte activité thérapeutique de la PROPOLIS.

Les propriétés extraordinaires de la PROPOLIS

De nombreuses expériences et essais cliniques ont mis en évidence les propriétés :

- BACTERICIDES sur certains staphylocoques, salmonelles et bacilles...

- FONGICIDES sur certains champignons, en particulier Candida Albicans et Trichomonas Vaginalis.

- ANESTHESIQUES et CICATRISANTES par la régénération rapide des tissus.

Propolis en vrac

Couvain de frelons

La cire d'abeilles, berceau des abeilles

La première mention de la cire remonterait au philosophe grec, ARISTOTE. Il croyait que la cire était produite dans les fleurs et que les abeilles la recueillaient pour la transporter dans les ruches.

Ce n'est qu'en 1744 que HORNBOSTEL découvrit que la cire était élaborée par les abeilles par sécrétion. Seul matériau plastique qui ait longtemps été disponible, la cire est considérée dès l'Antiquité comme une denrée de haute valeur.

Elle sert à sceller des récipients alimentaires, modeler des statuettes et est même utilisée en sorcellerie. Peu à peu, son usage va se limiter aux besoins de l'éclairage. Les dépenses de l'église en cierges sont fastueuses et la fabrication des bougies réservées à de riches élites. Au XVIIIe siècle, dans l'Encyclopédie, Diderot et d'Alembert s'inquiètent de la trop forte consommation européenne de cire. Le XIXe siècle, avec les succédanés demandés par les écrivains, sonnera le glas des industries cirières. Viendront bientôt pour les achever, l'éclairage au gaz et l'électricité.

Le travail de la cirière batisseuse

Vers le 14e jour, une bâtisseuse passe quelques jours seulement à produire de minces écailles de cire, qui sont extraites de ses glandes cirières, à l'aide de ses pinces, puis malaxées par ses mandibules. Ces écailles de cire constitueront la matière première pour la construction des cellules contenant le couvain et le miel.

L'ouvrière bâtisseuse possède huit glandes cirières situées sur la partie interne des sternites des 4, 5, 6 et 7e segments de l'abdomen. L'importance des glandes cirières varie suivant l'âge de l'ouvrière.

Elles atteignent leur maximum de développement vers le 12e jour après la naissance et commencent à décroître à partir du 18 ou 19e jour jusqu'à la mort de l'abeille.

Pendant cette période, les écailles de cire produites par ces glandes sont malaxées par les mandibules. L'abeille y incorpore, à ce moment, un solvant d'origine salivaire qui rend son

malaxage plus aisé. Ainsi trituré, l'écaille de cire blanche entre dans la construction du rayon ou bien sert à l'operculation des alvéoles remplies de miel.

La chaîne cirière

Rémy Chauvin, en évoquant la construction des rayons chez les abeilles, souligne que lorsque les abeilles vont construire un rayon, on observe d'abord, dans les ruches expérimentales vitrées, la formation d'une "chaîne cirière". Il s'agit d'un nombre parfois considérable d'abeilles qui se tiennent par les pattes en formant une sorte de guirlande, et ceci pendant de nombreuses heures. L'aiguille thermoélectrique montre que la température s'élève notablement au niveau de cette chaîne et dépasse souvent de 2° à 3° le niveau normal de la ruche (34°).

Ainsi poursuit l'auteur, cette chaîne cirière et ce piège thermique se provoque aussi comme "un stimulus probablement chimique lorsqu'on a pratiqué une brèche dans le bord du rayon". Ce piège thermique peut alors "retenir les cirières éparses sur le rayon (les cirières sont des abeilles jeunes, bien nourries de miel, et dont les glandes cirières sont en pleine activité).

Chaque abeille s'accroche aux autres par les pattes. L'ouvrière bâtisseuse commence par récupérer ses lamelles de cire, elle les porte à sa bouche pour les modeler. La boulette obtenue remonte la chaîne d'abeille en abeille pour arriver aux abeilles chargées de la construction des alvéoles. Elles aplatissent le cire et construisent des parois très minces.

La cire d'abeille

Les antennes servent d'instrument de mesure de haute précision. Une fois achevées, les alvéoles ont une forme hexagonale (6 côtés).

Chaque alvéole pourra contenir indifféremment des larves ou du miel.

La cire fraîchement étirée en alvéoles aura une couleur blanchâtre

tandis que les vieux rayons auront une teinte brunâtre dû à la succession des generations de larves. L'ensemble est très solide : un rayon composé d'environ 40 g de cire peut supporter 2 kg de miel. Un kilogramme de miel et du pollen en quantité indéterminée ne donnent en fait que soixante grammes de cire. Un kilo de cires permet aux abeilles de bâtir environ quatre-vingt mille alvéoles

Avant l'extraction du miel

Lorsque l'apiculteur pense que le miel est mûr, les cadres sont enlevés de la ruche.

La première opération est de désoperculer ces cadres, c'est-à-dire d'enlever à l'aide d'un couteau à désoperculer la mince couche de cire qui recouvre les cellules de miel, on obtient ainsi de l'opercule.

Les cadres seront positionnés dans un extracteur pour récupérer le miel contenu dans les cellules. L'opercule est mise dans une centrifugeuse pour séparer le miel mélangé à l'opercule et l'opercule lui-même, il nous reste ainsi une cire contenant encore quelques impuretés prêtes à être placées dans une chaudière à cire.

Cette chaudière va permettre de faire fondre le produit brut obtenu à la centrifugeuse et de fabriquer des pains de cire.

Le traitement de la cire des opercules et la fonte des vieilles brèches de rayons usagés se réalisent par des techniques artisanales manuelles.

Les pains obtenus sont usuellement donnés en échange de cire gaufrée soit à des ciriers privés, soit aux entreprises spécialisées.

Ces dernières sont équipées de machines à gaufrer automatiques.

L'utilisation principale de la cire est la fabrication des encaustiques, cependant la conception des bougies utilise aussi la cire d'abeille bien qu'elle soit de plus en plus remplacée par de la paraffine. Dans le monde apicole, elle sera réutilisée pour la production de plaques de cire gaufrées qui servira de base aux abeilles pour élaborer de nouveaux rayons.

Rayon abeille sauvage

Le miel, l'or des apiculteurs

Il existe de nombreuses définitions du miel, mais on peut en retenir deux. La première, établie par Moreaux, définit le miel comme étant " la matière sucrée recueillie par l'abeille sur les plantes vivantes et qu'en la modifiant, elle emmagasine dans ses rayons de cire ". La seconde correspond à celle du législateur qui définit le miel comme étant " la denrée produite par les abeilles mellifiques à partir du nectar des fleurs ou de sécrétions provenant de parties vivantes de plantes ou se trouvant sur elles, qu'elles butinent, transforment, combinent avec des matières spécifiques propres, emmagasinent et laissent mûrir dans les rayons de la ruche. Cette denrée peut être fluide, liquide ou cristallisée ".

L'école Nationale Supérieure des Industries Agricoles et Alimentaires souligne qu'à l'origine le mot « miel » est à rechercher dans le mot sanskrit medhu. Connu sous le nom de melikraton durant toute l'Antiquité, il a eu une valeur religieuse très importante. Chez les Scandinaves, il donnait l'hydromel, la boisson des dieux, à Babylone qu'on l'offrait en sacrifice aux divinités à l'occasion de la construction d'un temple. En Afrique, il avait une grande importance dans le rituel de la naissance et de la mort, comme en Inde ou chez les Germains.

Parfaitement naturel,

Enfin, les Livres Saints comme la Bible et le Coran ne manquent pas de louer les vertus du miel. Il est le symbole de la prospérité et de l'abondance lorsqu'il est question de la Terre Promise, pays ruisselant de lait et de miel. Aujourd'hui, le miel est un aliment qui est aussi apprécié qu'autrefois.

Même si nous connaissons le goût d'un miel particulier, la grande palette d'arômes n'est connue que par quelques initiés.

Parfaitement naturel, le miel ne contient ni colorant 65, ni conservateur et se divise en deux critères : le miel toutes fleurs (ou mille-fleurs) et le miel de cru.

Pour le premier, les abeilles ont butiné les fleurs sans distinction au hasard de leur vol.

Quant au second, plus cher, il provient à 80% d'une seule espèce de fleur (monofloral) : acacia, lavande, romarin, oranger, thym, bruyère...

A la récolte, le miel est liquide, mais il peut se cristalliser s'il est exposé à une température inférieure à celle de la ruche (35°C). Il peut être reliquéfié en le chauffant avec précaution.

Son action sur la santé est essentielle. Les substances qu'il contient favorisent la régénération des cellules, protègent du vieillissement, apaisent les irritations de la gorge.

Son pouvoir cicatrisant est tel qu'avant l'ère des antibiotiques, les médecins l'utilisaient en applications locales pour ses propriétés cicatrisantes et antiseptiques.

Les abeilles fabriquent le miel depuis déjà soixante millions d'années. L'homme aurait appris à le déguster à la fin du Paléolithique, d'après les peintures rupestres datant de cette époque. Les chasseurs de miel sauvage existent donc au moins, depuis douze mille ans. Ce sont les Égyptiens de l'Ancien Empire, il y a 4 400 ans qui ont été les premiers à domestiquer les abeilles dans des ruches en poterie. Omniprésent dans la cuisine, des entrées aux desserts, le miel était employé pour donner de la saveur aux aliments et aux boissons dans toutes les civilisations antiques. Le miel sera pourtant détrôné par la généralisation du sucre de canne au XVIIe siècle.

A chaque miel sa couleur et sa saveur

La coloration des miels est une donnée importante parce c'est une caractéristique physique dépendant de l'origine du produit mais également un élément sensoriel primordial qui détermine en partie le choix du dégustateur. C'est avec la structure, liquide ou cristallisée, le premier paramètre qui nous donne une information sur la nature du produit.

L'état du miel, liquide ou cristallisé, sa couleur, claire ou foncée, dépendent uniquement de l'origine florale. Ce n'est donc néanmoins pas, en soi, un critère de qualité. Les miels riches en glucose (colza, trèfle, tournesol) cristallisent rapidement. Les miels pauvres en glucose (acacia, châtaignier, tilleul...) restent liquides très longtemps. Il est toujours possible de liquéfier un miel cristallisé en le chauffant avec précaution (au bain-marie, par exemple) afin d'éviter de le dénaturer.

Si l'on désire récolter plusieurs variétés de miels, il faut amener les ruches là où sont les fleurs qui doivent être butinées : c'est la transhumance lors de laquelle a lieu " la miellée ".

MIEL	COULEUR	RECOMMANDÉ POUR :	CRISTALLISATION & ARÔME
AUBEPINE crataegus oxyacantha	blanche	*calmant, tonique du cœur ; antispasmodique ; diminue l'excitation du système nerveux. Indiqué pour l'artériosclérose, les dyspeptiques ; calme les troubles nerveux, la ménopause.*	cristallisation : fine léger et délicat
ACACIA robinia pseudoacacia	ambrée	*Emollient des voies digestives, expectorant léger, légèrement sudorifique, antispasmodique, le mieux adapté aux diabétiques*	arôme : doux et floral cristallisation : lente et très fine, cristaux transparents ; facilement soluble
CHATAIGNIER catanea sativa	sombre tendant vers le noir	*favorise l'accélération de la circulation sanguine, dégage les muqueuses nasales, diurétique. Action astringeante dans certains cas de dysenterie.*	lente et grossière, difficilement soluble arôme : forte et persistante
COLZA brassica campestre	claire (blanc) et jaunâtre parfois	*calme les brûlures d'estomac, facilite le transit intestinal ; interviendrait dans le soulagement des hémorroïdes et des varices.*	arôme : légère odeur de beurre frais saveur : peu prononcée cristallisation : ténue et serrée — facilement soluble
EUCALYPTUS eucalyptus globulus	ambre claire ou foncé selon récolte	*traitement en profondeur des angines saisonnière et de la toux du fumeur ; régulation de la flore intestinale ; agirait sur la vésicule biliaire. Désinfectant des voies urinaires.*	arôme : touche mentholée et aromatique saveur : prononcée et persistante, légèrement acidulée. cristallisation : compacte et fine; facilement soluble
LAVANDE lavandula officinalis céphalique.	légèrement ambrée à tendance rosâtre	*excellent antiseptique des poumons et bronches ; utilisé dans les toux récidivantes, asthme, coqueluche, grippe, laryngite ; très tonique, antispasmodique, diurétique et antirhumatismal. Recommandé dans faiblesse du cœur et en cas d'entérite ou dysenterie.*	arôme : fin et parfumé saveur : délicate et très persistante cristallisation : rapide et très fine ; facilement soluble
LUZERNE medicago sativa	de blanche à ambre pâle	*facilite la digestion et le transit intestinal ; calmant léger en cas d'insomnie ; utilisé dans le traitement externe des furoncles et des plaies atones ; facilite la production de salive.*	arôme : léger et diffus saveur : légèrement poivrée cristallisation : compacte et résistante ; gros cristaux transparents ; peu soluble
ROMARIN rosmarinus	orangée	*dépuratif et antiseptique ; forte teneur en invertine et pheromones ; action fortement sédative dans certains cas de dépression et surmenage; favorise fonctions du foie et vésicule (indiqué dans ascites avec gros foie, cirrhose, ictère, engorgements).*	arôme : fort et persistant saveur : légèrement piquante et vivace cristallisation : très rapide à cristaux maintenus en groupe ; peu soluble

MIEL	COULEUR	RECOMMANDÉ POUR :	CRISTALISATION & AROME
SARRASIN polygonum fagopyrum	sombre tendant vers le gris	*miel très nutritif et reconstituant; action sur système osseux (aide à la constitution de cals âpres fractures); permettrait d'accroître la vision nocturne; conseillé en cas d'anémie et manque d'appétit*	Arôme : pénétrant Saveur : prononcée mais fine Cristallisation : rapide mais très ténue; soluble
SARRIETTE satureja hortensis	ambrée tendant vers orange	*tonique et stimulant de l'estomac et des fonctions génésiques; antispasmodiques, expectorantes et carminatives ; favorise l'évacuation des gaz et empêchent les fermentations gastriques; combat la mauvaise haleine et les odeurs de pieds.*	Arôme : très prononcé à tendance balsamique (sent parfois la térébenthine). Saveur : persistante et agréable quoique légèrement poivrée Cristallisation : très régulière à cristaux moyens; soluble.
TILLEUL tilia platiphylla	ambre claire à tendance légèrement verte	*Sédatif, antispasmodique, calmant des affections nerveuses; facilite la digestion en agissant sur la vésicule biliaire; légèrement hypnotique ; aurait une action sur les migraines digestives; très reconstituante; qualité de goût et souplesse d'utilisation en font un miel apprécié des connaisseurs.*	Arôme : particulier au tilleul, fin et pénétrant Saveur : fortement parfumée demeurant en bouche Texture : granuleuse, fine Cristallisation : lente et irrégulière à cristaux pointus
TREFLE trifolium repans	blanche	*Miel calmant, facilite le sommeil ainsi que la circulation ; expectorante et émolliente ; sert de coupage et à la préparation des miels crémeux.*	Arôme : délicat et peu prononcé Saveur : ténue mais persistante avec une touche acidulée Cristallisation : fine à tendance crémeuse
THYM et Serpolet thymus vulgaris	ambrée, sombre	*Antiseptique, emménagogue, digestif, tonique; facilite la récupération physique et le tonus musculaire; employé dans le traitement des fatigues nerveuses; utile dans les affections respiratoires.*	Arôme : fort et légèrement piquant Saveur : forte et musquée Cristallisation : irrégulière, très soluble
PIN, SAPIN	sombre tendant vers le brun foncé avec des nuances vertes	*Particulièrement recommandé dans les affections respiratoires; aide la digestion et le sommeil; réputé comme antiseptique des bronches et parties aériennes supérieures; aurait une influence psychologique bénéfique dans les dépressions nerveuses.*	Arôme : fortement aromatique et balsamique; légère odeur de résine Saveur : douce, peu persistante Cristallisation : lente ; facilement soluble
MIEL DE TOURNESOL	jaune vif	*exhale un arôme végétal très frais, légèrement acidulé. De texture assez fine, il est facile à tartiner et possède un pouvoir sucrant important. Riche en vitamine F.*	Il sert beaucoup à préparer des mélanges miel toutes fleurs ou crémeux en mélange avec du COLZA. Vif et agréable en bouche

Miel de colza : blanc, très pâteux, pas très sucré.

Miel de forêt (mélange sapin-châtaignier) : foncé, goût fort, liquide.

Miel de châtaignier (origine Sicile) : odeur forte, goût très fort, amer et sucré, liquide avec un dépôt au fond.

Miel de garrigue (origine Languedoc) : liquide, clair sucré.

Miel de lavande : liquide, légèrement granuleux, goût agréable.

Miel des Hautes-Alpes : granuleux, pâteux, couleur jaune.

Miel du Jura : très clair très liquide, sucré.

1kg de miel correspond à la valeur énergétique de 5,5 litres de lait ou 3 kg de viande ou 25 bananes ou 40 oranges ou encore 50 œufs

La cristallisation est tout à fait naturelle, elle est due à la teneur en sucre.

Plus il est riche en glucose, plus il cristallise vite en quelques jours (printemps).

Plus il est riche en fructose (acacia), moins il y a cristallisation. Ce miel peut rester fluide 1 an voire plus.

Pour ne pas détériorer un miel cristallisé, le chauffage ne doit pas dépasser 35° (température de la ruche).

Le miel est moins calorique que le sucre. Il n'apporte que 300 calories pour 100 g contre 400 calories pour le sucre.

Aliment «vivant», il est surtout plus riche sur le plan nutritionnel : il contient de l'eau (18 %), des oligo-éléments (calcium, potassium, sodium ...) Des vitamines (C, B1, B2, B3, PP) et des substances aux propriétés antibiotiques.

Les Valeurs nutritionnelles du miel

Le miel possède des propriétés nombreuses et bien plus profitables à l'organisme que le sucre qui ne comporte aucun élément nutritif.

Les vertus alimentaires et thérapeutiques du miel, récolté et enrichi par les abeilles, n'ont plus de secrets.

La composition complexe du miel varie suivant sa nature, la météo, les sols... Cette composition est telle que son apport nutritif est riche et contient une multitude de sels minéraux, vitamines, enzymes et oligo-éléments ainsi que du potassium, du sodium, du magnésium, du cuivre, du fer, du calcium, du manganèse et du phosphate. Il renferme également des vitamines (B1, B2 et C).

Riche en glucides, le miel procure de l'énergie et se digère incomparablement mieux que le sucre. En effet, les abeilles l'ayant prédigéré, il est directement assimilable par l'organisme. Pour les sportifs, c'est un excellent aliment de l'effort, les sucres simples du miel, comme le glucose et le lévulose, permettent en effet de dynamiser tout de suite avant l'effort.

Pauvre en saccharose, son assimilation ne produit aucune toxine dans l'organisme.

Riche en sels minéraux (phosphore, calcium, fer...), le miel favorise la croissance, fortifie le squelette, vitalise l'hémoglobine.

Grâce à sa haute concentration en sucres, sa richesse en diastases et en essences aromatiques, le miel possède un certain pouvoir antiseptique. Il s'oppose notamment à la fermentation intestinale. Contenant une substance bactériolytique provenant de la glande des abeilles, le miel est efficace pour la désinfection et la cicatrisation des plaies en usage externe.

A propos du miel et de l'abeille

Le miel parfaitement mûr contient :

Eau : 17% - Sucres : 80% - Acides aminés : 3%

Arômes

Ils sont dus à des substances telles que esters, alcools…

Couleurs : proviennent de diverses matières pigmentaires telles que du carotène.

Elles sont plus ou moins prononcées selon l'origine florale du miel.

Lipides et protides : pratiquement inexistant dans le miel.

Diverses substances en suspension.

Le miel contient des grains de pollen, des levures, des grains d'amidon, des poussières minérales, des flavonoïdes, des vitamines…

On y trouve en très petites quantités des groupes B, C et parfois A, D et K.

Propriétés Biologiques :

Valeur alimentaire

1kg de miel = 13400 Joules soit 320 K cal.

Pouvoir sucrant :

Le miel possède un pouvoir sucrant égal ou légèrement supérieur à celui du saccharose.

Pouvoir bactériostatique :

Aussi appelé «inibine», il est étroitement lié à une synthèse naturelle d'eau oxygénée au sein du miel.

Norme de qualité du miel

(RSA 99-7-267) :

- la teneur en eau ne doit pas dépasser 18,5%.
- La valeur HMF ne doit pas dépasser 15 mg/kg.
- L'indice d'invertase ne doit pas être en dessous de 10.
- Les miels dont la conductivité dépasse 0.8 mS/cm sont des miels de miellat.

Les miels dont la conductivité est inférieure à 0.5 mS/cm sont des miels de nectar.

La production de miel n'est pas l'utilité principale des abeilles, elles assurent la fécondation de 80 % des fleurs.
Une abeille visite 700 fleurs/heure.
Butinage : rayon jusqu'à 3 Km.
Elle transporte presque son poids (50 à 70 mg).
Une forte colonie, avec ses 15 000 butineuses peut récolter 3 à 4 kg de nectar par jour, ce qui correspond à 100 000 Km pour plus de 20 millions de fleurs butinées.
La consommation de miel par la ruche pour une année : 60 à 70 kg + 20 kg de pollen.
Prélèvement moyen par ruche : 15 kg de miel pour une bonne année. (Ruche sédentaire).

La transhumance des ruches

C'est un procédé original qui permet de diversifier les récoltes de miel. La transhumance régulière des ruches permet la récolte de ces différents miels tout en prévenant les colonies contre les disettes.

La transhumance à temps plein est donc devenue une étape vitale pour les apiculteurs professionnels, s'ils veulent récolter du miel en quantité suffisante. Chaque année, ils parcourent en moyenne 25 000 kilomètres à travers la région. Cette transhumance s'opère grâce à un équipement en poids lourds souvent complétés par des systèmes de palettisation des ruches... Elle se déroule la nuit, parfois sur des centaines de kilomètres.

La transhumance se pratique au début de la floraison vers un emplacement autour duquel se trouve une forte concentration de fleurs (ou d'arbres). Au début de la miellée, l'apiculteur pose une hausse vide qu'il récoltera en fin de floraison.

La transhumance se prépare quelque temps avant. Il faut mettre une grille sous le toit et pendant la nuit, un bouchon en mousse spéciale à l'entrée de la ruche ainsi on est sûr que toutes les abeilles sont présentes donc aucune perte. Mais il faut enlever le toit sinon les abeilles affolées s'étoufferaient.

En montagne, en avril-mai, il y a la récolte de printemps, puis une nouvelle transhumance pour remonter en altitude où l'on place les ruches pour l'été en rajoutant des hausses pour le travail des abeilles.

Durant cette saison, les abeilles sont visitées pour voir l'évolution de leur travail et l'apiculteur peut éventuellement rajouter des hausses si la ruche fonctionne bien.

Fin août une nouvelle récolte est effectuée, mais plus importante que la première car les abeilles ont plus de temps pour travailler. Enfin, il faut préparer les ruches pour l'hiver, s'assurer qu elles ont de la nourriture.

En montagne, les ruches sont transhumées de nouveau en basse altitude. Vers février, elles sont nourries à nouveau, si nécessaire.

Il est admis qu'un miel contenant au minimum 50 pour cent d'une fleur peut en avoir son appellation. Les miels sélectionnés d'une appellation sont chez les professionnels plus proches de 80 à 99 %.

Le goût, la couleur sont de bons indicateurs de l'origine florale d'un miel.

Une analyse pollinique pratiquée en laboratoire peut donner sa composition.

La nouvelle définition

Le code de la consommation souligne que : « Le miel est la substance sucrée naturelle produite par les abeilles de l'espèce Apis mellifera. Élaboré par les abeilles à partir du nectar de plantes ou des sécrétions provenant de parties vivantes des plantes ou des excrétions laissées sur celles-ci par des insectes suceurs, qu'elles butinent, transforment en les combinant avec des matières spécifiques propres, déposent, déshydratent, entreposent et laissent mûrir dans les rayons de la ruche. A l'exception du miel filtré, aucun pollen ou constituant propre au miel ne doit être retiré, sauf si cela est inévitable lors de l'élimination de matières organiques et inorganiques étrangères ».

Tout produit ne répondant pas à cette définition ne peut recevoir la dénomination de vente « miel ».

La grande miellée

La grande miellée, c'est-à-dire l'époque où les abeilles entreposent le plus de nectar et emmagasinent le miel dans les cellules, se situant vers la fin du mois de mai.

D'heure en heure, de jour en jour, le nectar alourdit les ruches, un nectar onctueux et odorant semblable à un sirop visqueux.

Bientôt, les cellules sont comblées à déborder, les vases sont enfin hermétiquement clos d'un cachet de cire blond, (l'opercule) et de proche en proche, autour de la première cellule fermée, les opercules étroits s'étendent, se rejoignent.

Les opercules se prolongent et peu à peu gagnent bientôt toute la surface du lourd rayon qui était, il y a encore quelques heures, criblé de puits vides et profonds.

Certains apiculteurs préfèrent retirer le miel des ruches, dès que les premières feuilles du tilleul commencent à s'ouvrir, au bout de quelque temps après la période des foins. Quelle que soit l'époque de la récolte et de l'importance des ruches, depuis la plus haute Antiquité, on pratique de la même manière.

La récolte

Elle prélude au déplacement des hausses lourdes de miel dans la miellerie, afin d'en extraire le miel emmagasiné par les abeilles.

La miellerie se doit d'être absolument hors d'atteinte des abeilles. Si, par négligence, quelques abeilles pénètrent dans le local d'extraction et en ressortent, grâce à la fameuse danse des abeilles, elle désignera, à toute la colonie, l'endroit exact où se trouve leur bien précieux.

Le cycle de la récolte comprend un certain nombre d'opérations préliminaires : avant l'extraction proprement dite, il faut avant d'enlever les hausses empilées sur les ruches, les débarrasser des abeilles qui encombrent les cadres. Cette opération est pratiquée à l'aide d'un enfumoir et de la fumée.

Le principe de l'enfumage a pour dessein de calmer l'agressivité des abeilles et les obliger à descendre des hausses vers le bas de la ruche.

Les hausses, ainsi vides d'abeilles, sont maintenant dirigées vers la miellerie, pour y êtres extraits du précieux miel. Les fleurs, pour se reproduire, ont besoin d'être "pollinisées", de recevoir sur leur pistil (élément femelle) le pollen, une poudre produite par les étamines (éléments mâles) d'autres fleurs.

Cette pollinisation se fait principalement par l'intermédiaire des abeilles qui, en butinant de fleur en fleur, transportent le pollen dans leurs pattes et le déposent sur les pistils. Pour attirer ces indispensables butineuses, les fleurs produisent une substance, le nectar, mélange subtil d'eau et de sucres sécrété par les nectaires (excroissances glandulaires situées en général à l'intérieur des fleurs). L'abeille butineuse l'aspire avec sa trompe, l'emmagasine dans son jabot, où les enzymes naturels que contient sa salive entrent en action, et le transporte à la ruche.

L'extraction proprement dite

Les cadres repus de miel seront tout d'abord désoperculés, c'est-à-dire qu'à l'aide d'un couteau ou d'une machine, on sectionnera les bouchons de cire obstruant des alvéoles emplis de miel. La cire d'opercule est passée à l'essoreuse, fondue et filtrée.

Elle sera destinée à la fabrication de petits sujets, de bougies et au cirier pour fabriquer des feuilles de cire pour les cadres.

Amateur ou professionnel, les techniques apicoles ne sont évidemment pas les mêmes et notamment en ce qui concerne les moyens techniques pour l'extraction du miel. Néanmoins, les principes restent assez similaires, sinon dans la forme, au moins dans le fond.

Les cadres enfin désoperculés, les cellules sont désormais ouvertes. Reste à en extraire le miel encore tiédi de la chaleur de la ruche .Les cadres de hausses sont alors disposés dans une grande cuve cylindrique animée d'un mouvement circulaire.

Cette opération d'extraction est réalisée à partir d'un extracteur sous l'influence de la force centrifuge. Le miel, ainsi contenu dans les rayons, par le mouvement giratoire, sera projeté sur les parois de l'extracteur pour peu à peu, s'accumuler au fond de la cuve. Il sera enfin filtré puis stocké en maturateur pour l'opération de décantation par différence de densité pendant plusieurs jours.

Le fruit de la récolte

L'état du miel, liquide ou cristallisé, sa couleur, claire ou foncée, dépendent uniquement de l'origine florale. Ce n'est donc pas, en soi, un critère de qualité.

Les miels riches en glucose (colza, trèfle, tournesol.) cristallisent rapidement. Les miels pauvres en glucose (acacia, châtaignier, tilleul…) restent liquides très longtemps. Il est toujours possible de liquéfier un miel cristallisé en le chauffant avec précaution (au bain-marie, afin d'éviter de l'altérer.

Chaque miel a sa teinte

Comme chaque fleur prend sa robe, un coloris de choix, chaque miel a sa teinte spéciale qui lui est propre.

C'est dans une somptueuse galerie de couleurs qu'il va du blanc laiteux jusqu'au blanc carné, ainsi l'ont voulu le trèfle et le sainfoin, ce dernier aujourd'hui disparu, ajoutons le tilleur, l'acacia et le tournesol.

A côté du miel des pruniers et des cerisiers, tendre comme leurs corolles et d'un rose délicieux, celui du thym ambré sombre et du colza blanc ardent.

Les sapins distillent une rosée d'un vert profond, le châtaignier de brun noirâtre, ceux du Sarrazin et de la bruyère d'un brun où s'allument des rouges éclatants

Il est difficile d'évaluer la production annuelle d'une abeille, mais on estime qu'une ruche produit de 20 à 30 kg de miel par an pour une population moyenne de 30 000 abeilles. Ainsi un pot de miel d'un kilo représente pour l'abeille butineuse environ 200 journées de travail et 40 000 kilomètres parcourus pour butiner environ 800 000 fleurs !

Savoir-faire et outils de l'apiculteur

Pour conduire un rucher ou se consacrer à l'élevage des reines, l'apiculteur dispose d'une panoplie de matériels indispensables pour opérer. Voici un petit exemple des outils incontournables.

Matériel de base pour récolte

- Enfumoir
- Brosse
- Leve-cadre
- Pantalon / veste / voile

Matériel de base extraction

- Miellerie
- Couteau
- Extracteur
- Récolte
- Hausses
- Camion / brouette
- Remorque
- Fourgonnette / Grue

La cuisine au miel

Salsifis au miel

Pour 2 personnes

- *environ 200 g de salsifis*
- *huile d'olive*
- *vinaigre balsamique*
- *2 cuillères à soupe de miel de printemps (miel de fleurs)*

Dans une poêle, faites revenir les salsifis dans l'huile d'olive, jusqu'à ce qu'ils blondissent. Ajoutez le miel.
Finissez la cuisson avec le beurre. Servez assaisonés de vinaigre balsamique.
Peut également être servi en accompagnement de viande.

Poulet au miel

Pour 4 personnes

Préparation : 20 min
Cuisson 15 min
Macération 2 H

- *8 ailerons et 4 filets de poulet*
- *200 g de pousses de soja*
- *1 boîte de mini-maïs*
- *1 carotte*
- *1/2 poivron vert*
- *5 cuillères à soupe d'huile d'olive*
- *5 cuillères a soupe de miel d'acacia*
- *10 cuillères à soupe de sauce de soja*
- *1 cuillère à café de gingembre en poudre*

Mélangez la sauce de soja, le miel et le gingembre. Puis, laissez-y mariner le poulet pendant 2 heures en le retournant 2 ou 3 fois.
Préchauffez le four thermostat 7 (210°C). Égouttez le poulet et disposez-le dans un plat à four. Arrosez de 2 cuillères soupe d'huile d'olive laissez dorer 15 minutes.
Égouttez le maïs. Épluchez et coupez la carotte en fins bâtonnets. Égrainez le poivron et coupez-le en fines lanières.
Dans une sauteuse ou un wok (grosse poêle à fond arrondi), avec l'huile restante faites revenir les légumes et le soja 5 minutes sur feu moyen.

Beignet d'aubergine au miel

Pour 2 personnes

- *200 g d'aubergine*
- *25 g de miel*
- *3 cuillères à soupe rase de farine*
- *huile d'olive*
- *mozzarelle*
- *environ 200g de salade*
- *1 bouquet de basilic*
- *sel, poivre*

Coupez les aubergines en tranches. Salez, poivrez, enduire de miel puis farinez ces tranches. Faites frire dans une poêle chaude avec de l'huile d'olive, jusqu'à ce qu'elles deviennent dorées.
Egouttez sur un papier absorbant. Servez avec une salade, en entrée ou en accompagnement des viandes.

L'omelette artichaut au miel

Pour 4 personnes

- *12 cœurs d'artichaut*
- *8 œufs*
- *huile d'olive*
- *ail, persil*
- *sel, poivre*
- *1 cuillère à soupe de miel de romarin*

Faites revenir dans l'huile d'olive les cœurs d'artichaut.
Laissez cuire à couvert à feu doux jusqu'à ce qu'ils deviennent fondants.
Battez les œufs entiers avec l'ail et le persil hachés, le sel, le poivre, le miel.
Versez dans la poêle en recouvrant les cœurs d'artichaut.
Faites cuire à feu vif.
Pliez l'omelette en portefeuille.
Servez.

Crêpes au miel et aux noix

- *500 g de farine*
- *6 œufs*
- *12 g de sel, 80 g de sucre*
- *1 litre de lait*
- *80 g de beurre fondu*
- *3 cuillères à soupe d'huile*

Garniture :
- *100 g de noix hachées*
- *50 g de poudre d'amandes*
- *350 g de miel liquide*

Faites la pâte sans incorporer le beurre et l'huile. Mettez-la au frigo et faites-la reposer 30 minutes. Incorporez le beurre et l'huile au moment de l'employer. Graissez la poêle.
Lorsque toutes les crêpes sont cuites, faites tiédir le miel, les noix hachées, la poudre d'amande dans une casserole avec 2 cuillères à soupe d'eau pour éviter que l'appareil brûle.
Enduisez-en chaque crêpe et roulez-les.
Disposez-les dans un plat allant au four, pour les réchauffer 5 minutes.

Bonbons au miel et amandes

Pour 1 bon kilo de pastilles au miel :
- *1 kg sucre cristallisé*
- *300 g de miel de forêt*
- *40 g amandes effilées*

Faites cuire le sucre jusqu'à ce qu'il prenne une couleur roux et y ajouter le miel (T°140).
Prenez soin de laisser cuire 1 minute encore et retirez du feu. Coulez la pâte dans des moules facile à démouler dans lesquels vous aurez étalé une fine couche d'amandes effilées.
Laiseez refroidir et démoulez.
Attention aux brûlures pour les distraits !
Vous pouvez briser la pate froide avec une petite cuillère .
Enfin, passez les bonbons dans du sucre glace et stockez au frais.

Papayes farcies

Pour 4 personnes

- *2 cuillères à soupe d'huile*
- *6 ciboules émincées*
- *1 gousse d'ail pressée*
- *300 g de bœuf haché*
- *1 piment rouge frais, finement haché*
- *2 tomates mures, pelées et concassées*
- *2 cuillères à soupe de raisins secs*
- *1 cuillère à soupe de miel de litchis*
- *1 cuillère à soupe de noix de cajou, grillées et hachées*
- *2 cuillères à soupe de parmesan rapé*
- *2 papayes mûres mais fermes, coupées en deux sans les graines*
- *1 cuillère à soupe de chapelure fine*
- *sel, poivre*

Faites chauffer l'huile dans une poêle, y mettre les ciboules à cuire 5 mn. Ajoutez l'ail et laisser cuire 2 mn.
Ajoutez le bœuf et laissez cuire jusqu'à ce qu'il brunisse.
Ajoutez le piment, les tomates, les raisins secs et les noix de cajou et laissez cuire jusqu'à ce que le mélange soit assez sec.
Retirez la poêle du feu et versezz la moitié du parmesan et l'assaisonnement dans la préparation, en mélangeant bien.
Placez les papayes dans un plat à gratin. Remplissez-les avec la préparation.
Versez de l'eau bouillante dans le plat jusqu'au quart de hauteur des papayes.
Mélangez le reste du fromage avec la chapelure et saupoudrez-en les papayes. Placez dans un four préchauffe à 180° - th 4. Laissez cuire pendant 30 mn.
Retirez les papayes avec une écumoire pour les placer dans un plat chauffé. Décorez de persil. Bon appétit !
A défaut de papayes, vous pouvez utiliser des poivrons verts coupes en deux, de la même manière.
Mais c'est plus original la papaye, leur douceur procure un agréable contraste avec la farce.

Définitions apicoles

A

ALVÉOLE : Les cellules, cavités régulières à six côtés, que les abeilles construisent à l'intérieur de la ruche, dans les rayons de cire, sont appelées des alvéoles. Ces alvéoles, d'au moins un centimètre de profondeur, ont différentes fonctions : la reine y pond ses oeufs, les ouvrières y stockent le miel et le pollen…

B

BROSSE A POLLEN : Les pattes postérieures des abeilles portent des petits poils, les brosses à pollen, qui leur permettent de rassembler le pollen en pelote afin de le transporter jusqu'à la ruche.

BUTINEUSE : Les butineuses sont des ouvrières chargées de la récolte du nectar, du pollen, de la propolis et de l'eau.

C

CHAINE CIRIÈRE : Lors des grands travaux de construction des rayons, les abeilles ouvrières se tiennent par les pattes postérieures pour former une chaîne cirière. Elles échangent ainsi, dans l'obscurité de la ruche, par le toucher et l'odorat, les informations nécessaires à la formation des rayons et cellules.

CIRE : La cire est un composé blanc jaunâtre sécrété par les ouvrières cirières. C'est la matière première servant à la construction des rayons.

COCON : Le cocon est l'enveloppe de soie très mince que la larve tisse au fond de son alvéole et dont elle s'entoure complètement, avant de se transformer en nymphe et en insecte parfait.

COUVAIN : Le couvain est formé de l'ensemble des alvéoles utilisés pour la ponte et l'élevage des jeunes abeilles, qu'il s'agisse d'ouvrières, de faux-bourdons ou de reines.

D

DARD : L'abeille porte à l'extrémité de son abdomen un aiguillon ou dard dont elle se sert pour injecter du venin dans le corps de ses ennemis. Si l'abeille ne peut le retirer intact du corps de son adversaire, le dard est arraché et déchire les organes de l'abdomen : l'abeille meurt.

E

ECLAIREUSES : Les abeilles éclaireuses prospectent de nouvelles zones de butinage. De retour à la ruche, elles indiquent à leurs consoeurs, à l'aide de danses très codifiées, la direction et l'éloignement des champs qu'elles ont découverts.

ESSAIMAGE : Lorsqu'une ruche est surpeuplée, des milliers d'abeilles partent en essaim avec la reine pour fonder une nouvelle colonie : c'est l'essaimage.

F

FAUX-BOURDONS : Les faux-bourdons sont les abeilles mâles. Plus gros et plus poilus que les ouvrières, les faux-bourdons n'ont qu'une fonction : féconder la reine durant le vol nuptial. S'ils ne sont pas renvoyés de la ruche ou massacrés par les ouvrières, ils vivent environ trois mois.

G

GELÉE ROYALE : Les abeilles nourricières sécrètent un lait destiné à l'alimentation des larves : la gelée royale. Les glandes produisant cette substance remplissent le même rôle que les mamelles chez les mammifères. Les larves d'ouvrières sont nourries de gelée royale deux ou trois jours, les larves de reine dix à onze jours.

GLANDE : Les abeilles sont munies d'organes produisant des substances très utiles à la vie de la ruche : les glandes cirières, les glandes nourricières et les glandes olfactives qui permettent aux abeilles de reconnaître à l'odeur les membres de leur ruche.

J

JABOT : Le jabot est une sorte de poche très dilatable, appelée aussi poche à miel, qui se trouve dans l'abdomen de l'abeille. Véritable sac à provisions, le jabot permet de transporter jusqu'à la ruche le nectar collecté qui est alors régurgité.

L

LARVE : Trois jours après que l'oeuf ait été pondu par la reine, il se transforme en un minuscule «ver» : la larve.

M

MANDIBULES : Les mandibules entourent la bouche de l'abeille, elles malaxent et modèlent la cire pour l'adapter aux travaux de construction.

N

NECTAR : Doux et parfumé, le nectar est un liquide produit par certaines parties de la fleur : les nectaires. Les ouvrières puisent avec leur trompe ce jus sucré qui sera ensuite transformé en miel.

NYMPHE : Après avoir filé son cocon, la larve change de peau et se transforme en nymphe. Recroquevillée et isolée dans sa cellule, la nymphe se métamorphose ensuite en un insecte parfait.

O

OPERCULE : L'opercule est le couvercle de cire grâce auquel les ouvrières ferment les alvéoles à miel et ceux du couvain.

P

PARASITE : En Asie et en Europe, les abeilles sont menacées par un minuscule parasite nommé «Varroa jacobsoni». Sa femelle se glisse dans un alvéole du couvain juste avant la mise en place des opercules puis, confortablement installée, pond ses œufs et se nourrit du sang des larves.

PEIGNE : Le peigne, comme la brosse à pollen, se compose de poils placés sur les pattes postérieures et sert au ramassage du pollen.

POLLEN : Le pollen est une poussière très fine contenue dans les organes mâles des fleurs. Lorsqu'elle butine, l'abeille transporte avec elle des grains de pollen qu'elle sème ensuite sur des organes femelles assurant ainsi la pollinisation. En outre, les abeilles se nourrissent du pollen des fleurs.

PROPOLIS : La propolis est une substance ayant un aspect de résine, récoltée sur les bourgeons par les abeilles qui l'utilisent pour obturer les fissures de la ruche.

PROTÉINE : Les protéines sont indispensables à l'alimentation de l'abeille. Elles sont contenues en très grande quantité dans le pollen.

R

RAYON : Les rayons sont des panneaux de cire que les abeilles bâtissent à l'intérieur de leur ruche. Ces rayons, parfois appelés gâteau, sont formés de dizaines d'alvéoles juxtaposés de façon parfaitement régulière. Afin de permettre aux abeilles de circuler aisément dans la ruche, les rayons sont espacés de quelques centimètres.

T

TROU DE VOL Le trou de vol est l'ouverture permettant aux abeilles d'entrer et de sortir de la ruche.

TROMPE : La trompe ou la langue de l'abeille lui sert à récolter le nectar des fleurs.

V

VOL NUPTIAL : La jeune reine sort de la ruche pour être fécondée par les faux-bourdons. L'accouplement a lieu en plein vol.

Lexique apicole

Abdomen : n.m. Partie postérieure ou troisième région du corps de l'abeille, qui contient le jabot, le ventricule ou intestin moyen, l'intestin grêle, le rectum, le dard et les organes reproducteurs. Il se compose de six anneaux bien visibles chez l'ouvrière et la reine et de sept chez le faux-bourdon.

Bourdonneux, euse : adj. Etat d'une reine qui ne pond plus que des œufs non fertilisés qui naturellement vont se développer en mâles. Voir "Arrhénotoque".

Cellule royale : une cellule dans laquelle une reine est élevée. Cette cellule a un diamètre intérieur d'environ 8,5 mm et pend parallèlement au cadre. Elle a une longueur d'environ 3 cm.

Cellule de mâle : un type spécial d'alvéoles en cire pour contenir les stades immatures de faux-bourdons. Plus grande en diamètre que l'alvéole d'ouvrière, est aussi utilisée pour le stockage du miel.

Cellules d'ouvrière : Les alvéoles de taille standard construites en cire, utilisées pour contenir les stades immatures des abeilles ouvrières et les réserves de miel et de pollen dans une colonie d'abeilles mellifères.

Congrégation de mâles : Une région spécifique où les mâles volent en attendant que les reines vierges passent par-là. Généralement située autour de repères identifiables du panorama, comme des alignements d'arbres, ce qui explique que ce sont les mêmes, année après année, puisque les mâles n'hivernent pas.

Danse tremblante : La danse par laquelle, les abeilles ouvrières travaillant comme butineuses de nectar stimulent des abeilles supplémentaires à fonctionner comme stockeuses de nourriture lorsque la cadence de récolte de nectar de la colonie s'élève au-dessus de sa capacité de transformation du nectar. Cette danse inhibe aussi la production de danses oscillantes et évite donc une augmentation ultérieure de l'influx de nectar.

Danse oscillante : La danse par laquelle les abeilles ouvrières communiquent la localisation des sources de nourritures entrantes.
Emballement de la reine : Lorsqu'une reine est inacceptable pour une raison ou une autre, les abeilles se grappent autour d'elle et sur elle en une boule très serrée. Occasionnellement une reine emballée survivra, mais ses performances sont habituellement inférieures à la moyenne.

Fertile : adj. Se dit d'une reine qui s'est accouplée avec un mâle (ou des mâles) et possède une certaine quantité de spermatozoïdes dans sa spermathèque. Les œufs de reine qui doivent produire des ouvrières ou des reines sont fertilisés lors de leur ponte en recevant un ou plusieurs spermatozoïdes contenus dans la spermathèque de la reine. Les œufs qui produiront des mâles ne sont pas fertilisés.

Glandes hypopharyngiennes : Structures glandulaires situées dans la tête d'une abeille ouvrière adulte qui produisent des sécrétions protéinées, qui sont données en nourriture au couvain, et aussi différents enzymes qui servent à la conversion du nectar en miel.

Haploïde : adj. Individu à n chromosomes, c'est-à-dire ne contenant qu'un élément de chaque paire de chromosomes par opposition aux deux exemplaires de chromosomes des individus dits "diploïdes".

Imago : n.m. (mot lat., image). Insecte adulte.

Jabot : n.m. Aussi appelé estomac à miel. Elargissement dans la partie postérieure de l'abdomen de l'abeille de l'œsophage, mais se trouvant dans la partie avant de l'abdomen. Lorsqu'il est plein de liquide comme de l'eau ou du nectar, sa capacité est d'environ 40 mm.

Kemp : Ruchette composée de quatre cadres, hausse Dadant et utilisée comme nucléi de fécondation.

Larve : n.f. Stade entre l'œuf et la pupe, trouvé chez certains insectes, comprenant l'abeille mellifère. Un stade de croissance de nourrissement intensif. Couvain non operculé. Deuxième étape de la métamorphose de l'abeille mellifère.

Mandibule : n.f. (lat. mandere, mâcher). Pièce buccale paire des crustacés, des myriapodes et des insectes, située antérieurement aux mâchoires. Chez l'abeille mellifère et la plupart des insectes les mandibules se meuvent dans un plan horizontal plutôt que vertical et servent à saisir les objets, au travail de la cire, à la récolte de la propolis.

Nymphe : n.f. (gr. numphê, jeune fille). Forme que prennent certains insectes, à l'issue de leur développement larvaire. Nom donné à la larve de l'abeille au treizième jour après la ponte de l'œuf et jusqu'à la naissance de l'abeille (imago); c'est la quatrième étape dans la métamorphose de l'abeille mellifère.

Ommatidie : n.f. (grec ommation, petit œil). Une des unités visuelles de base de l'œil composé d'un insecte. Chaque ommatidie est composée d'un système de lentille et de plusieurs cellules photosensibles et fonctionne ainsi comme un petit œil, enregistrant l'intensité et la couleur de la lumière provenant d'une petite portion du champ visuel d'un insecte. Chez l'abeille mellifère, elles sont au nombre de 3 à 5000 chez l'ouvrière, 3 à 4000 chez la reine et 7 à 8000 chez le mâle.

Parthénogenèse : n.f. (gr. parthenos, vierge). Production d'un nouvel individu, d'une reine vierge sans l'intervention d'un mâle; reproduction au moyen d'œufs non fertilisés. Chez les abeilles, les œufs non fertilisés ne produisent que des mâles. Une reine non accouplée, et parfois une ouvrière, peut pondre des œufs non fertilisés, produisant des mâles.

Ruchette de fécondation : Une ruchette en miniature, contenant environ 200 à 300 abeilles, utilisée pour la fécondation des reines. Se différencie des ruchettes traditionnelles qui sont beaucoup plus grandes.

Spermathèque : n.f. Un petit sac attaché aux oviductes de la reine, dans lequel sont stockés les spermatozoïdes reçus lors des vols de fécondation.

Thorax : n.m. (gr. thôrax). La partie médiane d'une abeille, entre la tête et l'abdomen, à laquelle les ailes, les pattes et les muscles sont attachés.

Trachée : n.f. Tube ramifié conduisant l'air des stigmates aux organes.

Ventricule : n.m. (lat. ventriculus). Partie moyenne du tube digestif de l'abeille. Vol d'orientation. Vol d'avant en arrière exécuté en face de la ruche et dans ses environs par les jeunes abeilles pour accoutumer les jeunes abeilles à leur environnement. Parfois confondus avec le pillage ou la préparation à l'essaimage

Zone de rassemblement :

voir "Congrégation de mâles".

** Extrait d' une réalisation de Robert Hallard sur la base d'un lexique de Gustave Lambermont*

Plantes mélifères

On qualifie de mellifères, l'ensemble des plantes qui, dans un milieu déterminé, offrent de la nourriture aussi bien aux abeilles domestiques qu'aux abeilles sauvages.

Sur quelque 4000 plantes que comporte l'herbier français, on estime que plusieurs centaines de plantes ont leurs fleurs butinées par les abeilles, une trentaine seulement présentant un intérêt apicole certains. En voici quelques-unes à favoriser dans votre jardin : les pissenlits et les trèfles sont des plantes mellifères très importantes notamment dans les zones herbagères de notre pays. Les apiculteurs s'inquiètent, à juste titre, de la toxicité des herbicides et de la contamination potentielle du miel. Les données écotoxicologiques démontrent que les herbicides agréés en prairies sont peu toxiques pour les abeilles. La bonne pratique agricole demande qu'ils soient appliqués en dehors des périodes de floraison des adventices.

Abricotier, Prunus armeniaca, Rosacées
Anémone, Anemone coronaria, Renonculacées
Anis, Pimpinella anisum, Apiacées
Asperge, Asparagus officinalis, Asparagacées
Aubépine, Crataegus oxyacantha, Rosacées
Fusain d'Europe, Euonymus europaeus, Célastracées;
Bouleau, Betula alba, Bétulacées
Bourrache officinale, Borrago officinalis, Boraginacées.
Catalpa, Catalpa bignonioïdes, Bignoniacées
Camomille sauvage, Matricharia chamomilla, Astéracées.
Campanule, Campanula glomerata, Campanulacées
Châtaignier, Castanea sativa, Fagacées
Chêne pédonculé, Quercus robur, Fagacées
Chèvrefeuille, Lonicera caprifolium, Caprifoliacées
Chicorée, Cichorium intybus, Astéracées
Chou, Brassica oleracea, Brassicacées
Clématite, Clematis vitalba, Renonculacées
Colza, Brassicacées
Consoude officinale, Symphytum officinale, Boraginacées
Coquelicot, Papaver rhoeas, Papavéracées
Courge, Cucurbita maxima, Cucurbitacées
Cognassier, Pirus cydonia, Rosacées
Cornouiller mâle, Cornus mas, Cornacées
Épicéa, Picea excelsa, Pinacées
Épine-vinette, Berberis vulgaris, Berbéridacées
Érable champêtre, Acer campestre, Acéracées
Érica -bruyère vagabonde
Lavande, Lavandula angustifolia, Lamiacées
Lierre, Hedera helix, Araliacées
Luzerne, Medicago sativa, Fabacées
Mélilot, melilotus officinalis L., Lamiacées
Mélisse, Melissa officinalis L., Lamiacées
Menthe, Mentha piperita, Lamiacées
Minette, Medicago lupulina, Fabacées
Népéta, Calamintha nepeta (L.) Savi, Lamiacées
Petite pervenche, Vinca minor, Apocynacées
Phacélie, Phacelia tanacetifolia Benth., Hydrophyllacées
Pissenlit, Taraxacum dens-leonis, Astéracées
Pommier, Pirus malus, Rosacées
Romarin, Rosmarinus officinalis, Lamiacées
Ronce, Rubus fructicosus, Rosacées
Saule blanc, Salix alba, Salicacées
Robinier, Robinia pseudacacia, Fabacées
Tilleul à petites feuilles, Tilia cordata, Tiliacées
Sauge officinale, Salvia officinalis, Lamiacées
Tournesol, Helianthus annuus, Astéracées
Trèfle des prés, Trifolium pratense, Lamiacées

Adresse utiles

ORGANISMES

FNSEA Section Apicole
11, rue de la Boune - 75008 PARIS - Tél. : 01 53 83 47 17

FNOSAD
courrier transmis à la SCA (pour la FNOSAD)
41 rue Pernety - 75014 PARIS

CNDA
Centre National de Développement Apicole
149, rue de Bercy - 75595 PARIS Cedex 12
Tél. : 01 40 04 50 42

EDAPI
Groupement européen pour la diffusion,
la circulation de l'information
et de recherche, compte 9 partenaires
dont 8 éditeurs - Place Croix du Sud
4 B-1348 LOUVAIN LA NEUVE - Belgique

OPIDA
Depuis 73, collecte l'informations, pratiques,
techniques et scientifiques,
la diffusant dans le bulletins techniques apicoles,
fait parti de :

L'EDAPI
Centre Apicole - 61370 ECHAUFFOUR
Tél. : 02 33 34 05 80
internet : perso.wanadoo.fr/opida/opida/
E-mail : opida@aol.com

GROS FOURNISSEURS et MAGASINS
(de matériels, d'emballages, "reines, cire",...)

GRAND JANTON
Rucher de la Chanssonne - Matériel Apicole - Apiculteur
Les Verchères-Bechet
Tél. : 04 74 39 25 44
04 74 39 01 70
http://apisite.online.fr/adresse7.htm - départements

COMPLEXE APICOLEA CBB
Les ateliers de l'Abeille
Produits et matériels apicoles
La fontaine du Bois RN2 - 02000 CHAVIGNON
Tél. : 03 23 21 61 62 - Fax : 03 23 21 68 09

FRANCE APICULTURE (SA)
1- 19 r Laon - 02820 CORBENY
Tél. : 03 23 22 40 14 - Fax : 03 23 22 41 99

PRODUITS AU MIEL - MATERIEL APICOLE

LES BLANCHES
18 Pass. Amirauté - 03200 VICHY
Tél. : 04 70 97 56 44

LEROUGE
Grand magasin du matériel apicole
Sud Ouest : route de Rioux, Cravans
17260 GEMOZAC
Tél. : 03 44 78 54 88 - Fax : 03 44 78 49 34

Ets LEYGONIE
1200 m² de dépot et magasin :
matériel, miel pollen gelée royale
86 rue de l'Ile Roi - 19100 BRIVE LA GAILLARDE
Tél. : 05 55 87 63 06 - Fax : 05 55 87 92 84

COOPERATIVEAPICOLE de la CÔTE D'OR
21202 VILLEU SUR TILLE
Tél. : 03 80 95 10 46

TEPP HELIOS Pots plastiques
Quartier de la Gare - 26210 EPINOUZE
Tél. : 06 08 62 58 48 - E-mail : p.helios@free.fr

RUCHER de l'ESCOUTAY
Paquet d'Abeilles d'Australie
46, route de Chateauneuf - 26200 MONTELIMAR
Tél. : 04 75 01 32 33
leruchesco@net-up.com

HYDROMELLERIE CORNOUAILLES
Hydromel à façon - Etablissement Logachmeur
29300 BAYE
Tél. : 02 98 96 80 20 - Fax : 02 98 96 84 31

BUTIFORCE
Sirop de Nourrissement - API Distribution
26-62 Crs Dupré St Maur - 33300 BORDEAUX
Tél. : 05 56 39 75 14 - Fax : 05 56 29 14 73

PROPOLIA APIMAB
Produits à base de propolis - Laboratoire
Route du Lac - 34800 Clermont l'Herault
Tél. : 04 67 96 38 14 - Fax : 04 67 88 06 99

S.a.r.l. BAUDOT APICULTURE
Le Mas de Ples - 36500 SAINT-LACTENCIN
Tél. : 02 54 84 14 07 - Fax : 02 54 84 04 83

LALEUF E.a.r.l. Laleuf
36370 CHALAIS
Tél. : 02 54 37 61 37 - Fax : 02 54 28 77 20

Apiculture Henri KOCH, matériels, esaims, reines,
cires pour particuliers et professionnels
32 rue des crès gasavignard - 38150 ASSIEU
Tél. : 04 47 79 42 44 - Fax : 04 74 79 42 43

NICOPLAST - Matériel en plastique :
pots, chasse-abeilles, fonds de ruche...
ZA rue des Cyclamens - 39260 MAISOD
Tél. : 03 84 42 02 49 - Fax : 03 84 42 34 43
Site Internet: www.nicotplast.fr
E-mail: nicotplast@nicotplast.fr

API NOURISSEMENT - sirop de nourissement
39110 LACHAPELLE SUR FURIEUSE
Tél. : 03 84 73 81 62 - Fax : 03 84 37 81 99

DORSMAN S.a.r.l.
achat de propolis,...
Route Salins - 39110 LACHAPELLE SUR FURIEUSE
Tél. : 03 84 73 81 62 - Fax : 03 84 37 81 94

COOPERATIVE APICOLE du JURA
ZI rue victor Puiseux - 39000 LONS LE SAUNIER
Tél. : 03 84 43 20 74 - Fax : 03 84 24 84 93

FRANCE MIEL - Laboratoire conventionné
(aides ONIFLHOR) Vente et Achat de miel
COOPERATIVE - BP 5 - 39330 MOUCHARD
Tél. : 03 84 37 89 20 - LABO : Tél. : 03 84 37 83 45
ACHAT : Tél. : 03 84 37 80 20 40

Ets LABAT
Matériel, fabrique de ruches, cire,...
Rue Comte Cigale - 40260 CASTET - Tél. : 05 58 89 41 42

RUCHE ROANNAISE SA
Miel pollen gelée royale, propolis,.......
6/8 rue Jean Mermoz - 42300 ROANNE
Tél. : 04 77 67 17 33 - Fax : 04 77 70 18 61
E-mail: rucheroannaise@

Ets THOMAS et FILS
Matériel en Inox (maturateur, extracteur,...) tenue, pots,
produits de beauté, bougie,...
86, rue Abbé Thomas - BP N°2 - 45450 FAY AUX LOGES
Tél. : 02 38 46 88 00 - Fax : 02 38 59 28 28 45

Etablissement BARRIER
Le Maroc - 456000 VILLEMURLIN
Tél. : 02 38 36 00 40 - Fax : 02 38 36 00 50 45

CHAGNOT Guy SARL
Route Bransles - 45680 DORDIVES - Tél. : 02 38 87 85 82

RIGAULT Frères
Ruches, accessoires, nourrisseurs, trappes à pollen
2271, rue Marcel donette - 45700 PANNES
Tél-Fax : 02 38 87 85 82 49

APICULTURE ROUTE D'OR
gauffrage de cire - 49150 CLEFS
Tél. : 02 41 82 84 70 - Fax : 02 41 82 84 71 49
E-mail: info@routedor.fr

MARY Société Familiale
Beau rivage - 49450 ST-ANDRE de la MARCHE
Tél. : 02 41 55 35 79 - Fax : 02 41 55 73 51

LIBERGE Jacques EARL
Route Douée la Fontaine
49 670 VALANJOU
Tél. : 02 41 45 46 19 - Fax : 02 41 45 42 19

API VER (Apiculture /Verrerie)
Négoce de : propolis, miel cire brute, materiel verrerie
pour le miel, confiture,...
Rue de paradis - 51320 SOMMESOUS
Tél. : 03 26 67 10 37 - Fax : 03 26 67 10 38
E-mail : apiver@wanadoo.fr

La ROBIDANAISE
Fabrique de ruches - livraison en France
devis gratuit - catalogue sur demande
Robida - 53410 PORT BRILLET
Tél. : 02 43 68 80 16 - Fax : 02 43 68 85 11

RUCHER des 3 FRONTIERES
Reines d'élevage,...
106, route Belmach - 57480 APACH
Tél. : 03 82 83 22 51

COOPERATIVE APICOLE du PAYS M.
Rue Granges aux Dames - 57050 METZ
Tel: 03 87 32 14 40

LAPI Fourniture, miel,... LUCAS Didier
93 rue de Cassel - 59940 NEUF-BERQUIN
Tél. : 03 28 42 83 08 - Fax : 03 28 48 36 52
E-mail : contact@lapi.fr

LEROUGE Fourniture, miel,...
91 rue Mangin - 60130 Saint Just en Chaussée
Tél. : 03 44 78 54 88 - Fax : 03 44 78 49 34 62

LES MAGAZINES DE L'ABEILLE :

ABEILLES DE FRANCE
5, rue de Copenhague
75008 PARIS
Tél. : 01 45 22 48 42 - Fax : 01 42 93 77 85

ABEILLES ET FLEURS
& ORGANE DE PRESSE DE L'UNAF
26, rue des Tournelles
75004 PARIS
Tél. : 01 48 87 47 15
Email : unaf@wanadoo.fr
Web : www.unaf.net

FNOSAD - René Garnier
5 Chemin de Saint-Mauxe
27200 VERNON
Tél. : 02 32 51 08 68
Email : GDSA.27@laposte.net

LA SANTÉ DE L'ABEILLE
Magazine de la FNOSAD associé à l'EDAPI
Quartier chapitre
25, rue René Ruelle - 04500 RIEZ
59222 BOUSIES - Tél. : 04 92 77 75 72

Table des matières

Introduction 7
Ruches anciennes et modernes............ 11
Les sociétés d'insectes 17
Agriculture et apiculture
au centre de l'histoire des hommes...... 21
La société des abeilles 25
Anatomie de l'abeille 37
Le langage des abeilles 49
L'essaimage
ou à la recherche de la terre promise... 55
Coutumes, légendes, superstitions
et traditions popualires en apiculture . 61
Les maladies des abeilles 77
Les ennemis des abeilles 79
L'elevage de reines 81
La reine et ses mystères 85
Les espèces de l'abeille 95
Ces messieurs les faux bourdon 99
Le pollen, la poudre d'or 105
Venin d'abeille 108
En cas de piqure d'abeille 109
La gelée royale 111
La propolis 116
La cire d'abeilles 119
Le miel, l'or des apiculteurs 123
La transhumance des ruches 129
La grande miellée 130
L'extraction proprement dite 131
Le fruit de la récolte 131
Savoir-faire et outils de l'apiculteur .. 132
La cuisine au miel 133
Définitions apicoles 136
Lexique apicole 138
Plantes mélifères 140
Adresses utiles 141
Table des matières 143

Dans la collection "Je vous aime" :

Cochons je vous aime
Les Culs Noirs, une saga limousine
de René MAURY et Jean-Pierre GOURVEST

Confitures je vous aime
Les Confitures de ma Grand-Mère
d'Eugénie LAVAUD

Autre Collection de Terroir
Les Recettes de nos Grands-Mères

Recettes Ardèchoises de nos Grands-Mère
Recettes Ardennaises de nos Grands-Mères
Recettes Auvergnates de nos Grands-Mères
Recettes Aveyronnaises de nos Grands-Mères
Recettes Beauceronnes de nos Grands-Mères
Recettes Berrichonnes de nos Grands-Mères
Recettes Bordelaises de nos Grands-Mères
Recettes Bourguignonnes de nos Grands-Mères
Recettes Bretonnes de nos Grands-Mères
Recettes Charentaises de nos Grands-Mères
Recettes Franc-Comtoises de nos Grands-Mères
Recettes Gersoises de nos Grands-Mères
Recettes Landaises de nos Grands-Mères
Recettes Limousines de nos Grands-Mères
Recettes Lyonnaises de nos Grands-Mères
Recettes du Nord de nos Grands-Mères
Recettes Normandes de nos Grands-Mères
Recettes Périgordines de nos Grands-Mères
Recettes Picardes de nos Grands-Mères
Recettes Poitevines de nos Grands-Mères
Recettes Provençales de nos Grands-Mères
Recettes du Quercy de nos Grands-Mères
Recettes Savoyardes de nos Grands-Mères
Recettes Solognotes de nos Grands-Mères
Recettes Vendéennes de nos Grands-Mères

(Autres Terroirs en fabrication, renseignez-vous à CPE - BP 57 - 41202 Romorantin-Lantenay ou sur Internet : www.cpe-editions.com)

Le monde des abeilles

par Pierre Maréchal
Directeur de Collection : Jacques HEL

Rédacteur en Chef : Gérard BARDON
Directeur Technique : Alain OSSANT
Maquette : Katia FOLTIER
Édition, réalisation : COMMUNICATION-PRESSE-ÉDITION
RCS B 398-382-416
BP 57 - 5, Allée de la Tuilerie
41202 Romorantin Cedex
Téléphone : 02.54.83.41.41 - Fax : 02.54.83.41.43
e-mail : almanachs@cpe-editions.com
Site internet : cpe-editions.com
Imprimé en France - Février 2006
ISBN : 2-84503-414-8
EAN : 9782845034143
Dépôt légal à parution